基于数字孪生技术的柔性制造系统实验手册

主　编　李　杨　王洪荣　邹　军
副主编　万文昌　黄渊博　江　河　黄　佳　孙　莉

上海科学技术出版社

图书在版编目（CIP）数据

基于数字孪生技术的柔性制造系统实验手册 / 李杨，
王洪荣，邹军主编. -- 上海 ：上海科学技术出版社，
2020.10
ISBN 978-7-5478-5017-6

Ⅰ. ①基… Ⅱ. ①李… ②王… ③邹… Ⅲ. ①柔性制
造系统－实验－高等职业教育－教材 Ⅳ. ①TH165-33

中国版本图书馆CIP数据核字(2020)第127264号

基于数字孪生技术的柔性制造系统实验手册
主编 李 杨 王洪荣 邹 军

上海世纪出版(集团)有限公司
上 海 科 学 技 术 出 版 社 出版、发行
(上海钦州南路 71 号 邮政编码 200235 www.sstp.cn)
浙江新华印刷技术有限公司印刷
开本 787×1092 1/16 印张 10.5
字数：250 千字
2020 年 10 月第 1 版 2020 年 10 月第 1 次印刷
ISBN 978‐7‐5478‐5017‐6/TH·88
定价：55.00 元

内 容 提 要

现如今,国家实施"中国制造2025"推动了智能制造在制造业中的发展,并且网络发展使得"一体化工程设计"成为可能,传统的PLC控制系统由原来独立、封闭的模式逐渐转向网络化、综合化的开放模式,为了提高学生的就业竞争力及相关行业人才的培训,建立PLC综合实训平台势在必行。本书将带领初学者逐步了解PLC的基础知识、硬件平台和开发流程,采用大量生活、工业生产中浅显易懂的实例,使学生在实践中快速入门,学习并掌握PLC的开发知识,并将其在PLC综合实训平台及仿真软件下体现效果。

这是一本以PLC应用为主要内容的实验手册,即使是没有任何PLC基础知识的读者,也可以实现从基础到进阶,再到综合能力的提高。本书可作为高职高专院校电气自动化、机电一体化和应用电子技术等相关专业学生的教材,也可作为自动化技术人员工程应用案例使用。

编委会

前　言

目前,随着国家智能制造速度的不断加快,自动化生产线及一体化工程设计已成为可能,而且基于工业机器人的工业 4.0 工厂已成为当前发展的主基调。而目前的 PLC 控制系统从之前独立、封闭的模式逐渐转向开放式,具有网络化、综合化的特点。为了提高学生的就业竞争力及减轻学生在实习时对新设备操作上的压力,对 PLC 综合实训平台的学习是势在必行的。目前,学生缺少对仿真软件的使用,导致在软硬结合上的操作经验不足;在 PLC 学习的基础上,可以将 PLC 的编程方式拓展到工业机器人的操作,形成一个学习体系。因此,将三个维度的学习进行耦合是非常有必要的。

本书采用的 AS12ZH01 自动化控制综合平台是从实际生产中提炼出来的一套 PLC 实训平台。首先,该平台最大特点是现场感强,形象直观,操作生动,富有趣味性,实验效果明显,非常接近工程实际,有利于提高学生的学习兴趣和动手能力。其次,采用的 Demo3D 软件可以根据用户需求自行从组件库向模拟的环境中加入想要的组件,可以通过改变属性和编辑程序来达到想要的效果,操作简单,可用性很强,同时可以与其他软件配合使用,与 Visual Studio 配合可以做出 WPF 操作界面。最后,该平台是 KR5arc 机器人工作站,这款机器人工作站是面向工业机器人行业新手的一款教学型工业机器人工作平台,可以在工业机器人操作、维护与保养、焊接、搬运、码垛、应用开发、PLC 编程和气动技术等多方面进行培训。

本书由李杨、王洪荣、邹军制定编写大纲,并组建编写组以收集近年来国内外发展成果和工程实践案例,由万文昌、黄渊博、江河、黄佳、孙莉、石明明、施成章、郭磊、张明鹏、苏晓锋、陈建国、杨建华、李抒智、杨一帆、南青霞等专家分工研写,最后由李杨、石明明审定成稿。

本书编写过程中得到了上海贽匠智能科技有限公司、烟台华创智能装备有限公司、湖北晶日光能科技股份有限公司、湖北追日电气设备有限公司、上海光学精密机械研究所、上海应用技术大学、襄阳汽车职业技术学院、嘉兴迪迈科技有限公司等单位大力支持,以上单位的大量研究成果为本书编写提供了丰富的数据,在此表示衷心的感谢。

本书共编入 24 个实验项目:一部分为基于 AS12 - ZH01 自动化控制综合平台的实验装置,以及使用 Demo3D 仿真软件来进行虚控实的操作;另一部分采用机器人工作站进行的一些实验项目,这些实验项目能很好地帮助学生从 PLC 知识的入门、进阶再到精通,以及从软硬结合到机器人的层层递进,具有良好的教学系统性。

本书在结构上将实验项目划分为三个层次:第一层次为 PLC 的基础性软硬件综合实验项目,主要由石明明、李杨、王洪荣、江河、万文昌、苏晓锋负责编写。第二层次为复杂且结合实际的软硬件与机器人工作站入门控制的综合实验项目,主要由施成章、王洪荣、邹军、郭磊、万文昌、黄渊博、张明鹏、南青霞负责编写。第三层次为工业生产中实际的工业机器人操作实验项目,主要由孙莉、李抒智、陈建国、杨建华、李杨、黄渊博、邹军、杨一帆编写。如此进行层次划分,意在对 PLC 由浅入深、由易到难、由低难度维度向高难度维度的跨越,使学生的实验兴趣、实验能力和创新能力能够循序渐进地得到提高。

由于编写工作时间紧迫,加之编者水平有限,书中内容难免有不妥之处,恳请专家、读者批评指正。

编者

2020 年 8 月

目　录

第1章　PLC 输入/输出控制基础综合实验　　　1

实验 1　模拟点亮按钮指示灯 ·· 3
实验 2　模拟启动交通灯 ··· 11
实验 3　模拟移动气动装置 ·· 17
实验 4　PLC 综合实训平台触摸屏对程序的操作 ··································· 22
实验 5　PLC 综合实训平台的跑马灯模块 ·· 28
实验 6　PLC 综合实训平台的交通灯模块 ·· 33

第2章　PLC 控制进阶综合实验　　　37

实验 7　模拟电梯升降 ··· 39
实验 8　模拟温度的平衡控制 ·· 43
实验 9　模拟变频器的控制 ·· 46
实验 10　模拟步进电机转动的控制 ·· 50
实验 11　PLC 综合实训平台上对气动夹爪的移动 ·································· 53
实验 12　PLC 综合实训平台上对电梯模块的升降操作 ···························· 56
实验 13　PLC 综合实训平台上温控模块的使用 ····································· 60
实验 14　PLC 综合实训平台上对变频器的控制 ····································· 63
实验 15　PLC 综合实训平台上对步进电机的驱动 ·································· 67

第3章　基于 PLC 的工业机器人提高综合实验　　　71

实验 16　机器人仿真软件的基本操作 ··· 73
实验 17　机器人仿真软件上对象类型的使用 ·· 80
实验 18　机器人仿真软件上对象属性的修改 ·· 86
实验 19　机器人平台与 PLC 硬件的组合工作 ·· 92
实验 20　在机器人平台上实现模拟焊接 ·· 98

实验 21　在机器人平台上实现智能搬运 ·· 101

实验 22　在机器人平台上实现模拟注塑 ·· 106

实验 23　在机器人平台上实现码垛流程 ·· 111

实验 24　在机器人平台上实现拼接七巧板 ·· 115

程序附录

119

参考文献

157

第 1 章

PLC 输入/输出控制基础综合实验

实验1　模拟点亮按钮指示灯

指示灯是我们日常生活中在各种电器上能够见到的东西,它是一种利用灯光的状态来反映电器电路的工作状态、电气设备的运行状态等的设备。其一般装设在高、低压配电装置的操作面板和一些低压电气设备、仪器表面比较醒目的位置上。这些反映电气设备工作状态的指示灯通常用颜色来代表状态,通常以红灯亮表示处于运行工作状态,绿灯亮表示处于停止状态。另外,电路工作状态的指示灯,通常以红灯亮表示带电,绿灯亮表示失电。目前,指示灯的额定工作电压有 220 V、110 V、36 V、24 V、12 V、6 V 和 3 V 等,受控制电路通过的电流大小限制,如卤钨灯、发光二极管等光源均可作为指示灯。

【实验目的】

（1）了解仿真软件的安装、准备步骤。

（2）掌握基础输入/输出的 PLC 控制,实现多个输入控制多个输出或多个输入控制一个输出的功能。

【实验原理】

逻辑运算

由于 LED 的状态只有亮和灭两种,因此需要引入数字逻辑来表示,具体如下:

在数字量(或开关量)的控制系统中,由于其底层是嵌入式微处理器,如意法半导体(ST)提供的 MCU,与嵌入式 C 语言控制一样,PLC 的编程语言也遵循数字逻辑。因此,在定义的数字变量中仅有数字高电平、数字低电平两种相反的工作状态,如继电器线圈的通电和断电、发光二极管的亮和灭,可以分别用逻辑代数中的 1 和 0 来表示这些状态。在波形图中,1 表示高电平、0 表示低电平。

使用 PLC 的梯形图或继电器电路可以实现基本的逻辑运算。梯形图的基本逻辑运算如图 1-1 所示,触点间进行串联可以实现“与”运算,触点间进行并联可以实现“或”运算,用常闭触点控制线圈可以实现“非”运算。多个触点的串、并联电路可实现比较复杂的逻辑运算,类似于数字电路中与、或、非门的级联。在图 1-1 和表 1-1 中的 I0.0～I0.4、Q0.0～0.2 分别为数字量输入变量、数字量输出变量。

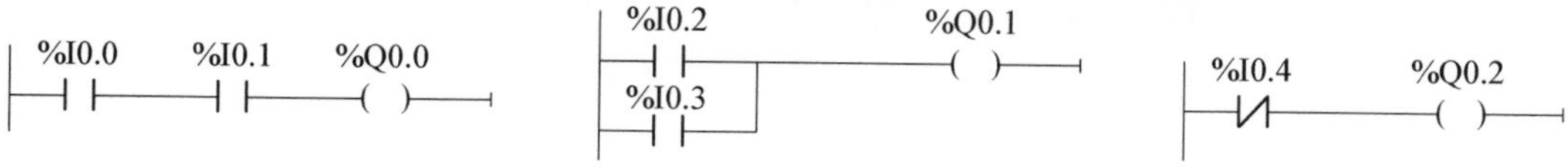

图 1-1　梯形图的基本逻辑运算

表 1-1 逻辑关系运算

与			或			非	
$Q0.0 = I0.0 \cdot I0.1$			$Q0.1 = I0.2 + I0.3$			$Q0.2 = \overline{Q0.2}$	
I0.0	I0.1	Q0.0	I0.2	I0.3	Q0.1	I0.4	Q0.2
0	0	0	0	0	0	0	1
0	1	0	0	1	1	1	0
1	0	0	1	0	1		
1	1	1	1	1	1		

【实验仪器】

（1）装有 Demo3D 2015 及博图软件的电脑 1 台，并连接键盘、鼠标和网络。

（2）PLC 综合实训平台 1 套。

【实验内容】

1. 实验要求

按一下按钮会亮相应的灯，如按钮 1 对应灯 1；如果同时按两个特定的按钮，会产生跑马灯效果，亮灭时间间隔 1 s。

2. 模块介绍

上面一排深色（实际为红色）为按钮，下面一排浅色（实际为绿色）为小灯。按钮按下后会输出信号，小灯在接收到信号后会亮起。按钮指示灯模块如图 1-2 所示。

图 1-2 按钮指示灯模块

3. 程序编写

（1）根据实验要求，确定控制对象为按钮和指示灯。

（2）根据上述实验要求开始设置点表，先根据按钮、小灯的点表（表 1-2）找到程序中要用到按钮和指示灯的地址。

表 1-2　按钮、小灯的点表地址

功能	地址	信号流向	参考实际地址	功能	地址	信号流向	参考实际地址
按钮 1	M31.0	Write To PLC	I0.0	小灯 1	M18.0	Read From PLC	Q0.0
按钮 2	M31.1	Write To PLC	I0.1	小灯 3	M18.2	Read From PLC	Q0.2
按钮 3	M31.2	Write To PLC	I0.2	小灯 4	M18.3	Read From PLC	Q0.3
按钮 4	M31.3	Write To PLC	I0.3	小灯 5	M18.4	Read From PLC	Q0.4
按钮 5	M31.4	Write To PLC	I0.4	小灯 6	M18.5	Read From PLC	Q0.5
按钮 6	M31.5	Write To PLC	I0.5	小灯 7	M18.6	Read From PLC	Q0.6
按钮 7	M31.6	Write To PLC	I0.6	小灯 8	M18.7	Read From PLC	Q0.7
按钮 8	M31.7	Write To PLC	I0.7	小灯 2	M18.1	Read From PLC	Q0.1

（3）根据上述实验要求，画出编写程序的流程图（图 1-3）。

（4）完成程序点表后，打开博图软件进行编程。首先，创建一个新项目并输入项目名称和存储路径（图 1-4）；其次，进行新设备的添加，选择 CPU 1215C DC/DC/DC-6ES7215-1AG31-0XB0 控制器（图 1-5）；最后，再调整到显示程序结构（图 1-6），进行 Main 块的编写（图 1-7）。完成上述步骤后，根据实验流程图和实验效果进行添加常开触点、常闭触点、线圈和生成接通延时灯模块完成程序的编写。配置下载前的参数，再下载到设备，完成下载，如图 1-8～图 1-10 所示。

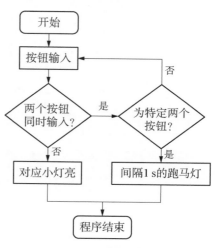

图 1-3　编写程序的流程图

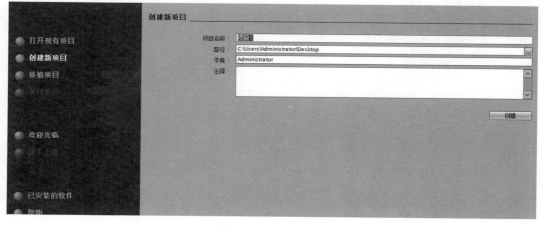

图 1-4　创建新项目

图 1-5 选择控制器

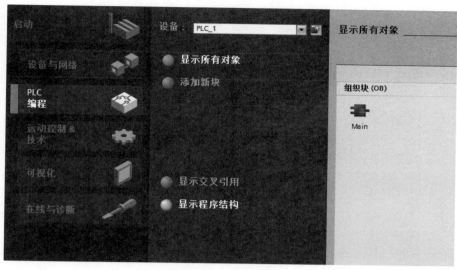

图 1 - 6　显示程序结构

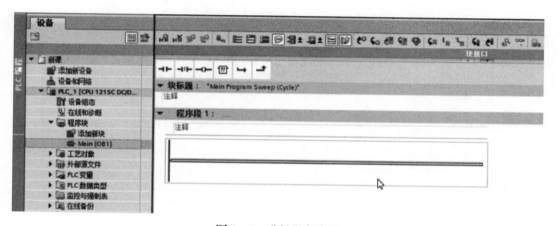

图 1 - 7　进行程序编写

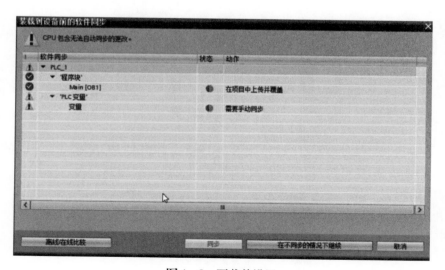

图 1 - 8　下载前设置

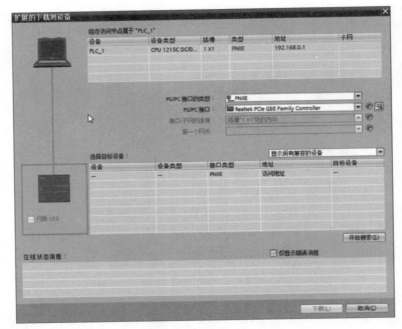

图1-9 下载到设备

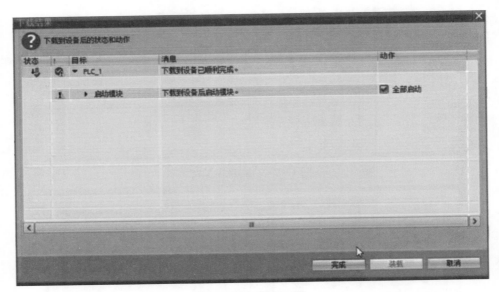

图1-10 完成下载

（5）下载完成后，需要将 CPU 切换到 STOP 模式再切回 RUN 模式，CPU 的复位如图 1-11 所示，再把模式切到监视模式或在线模式（图1-12）。

4. 虚控实配置仿真

完成在博图软件内的编程和设置之后，在 Demo3D 中完成实际效果的仿真，首先打开 Demo3D 软件进行虚拟环境的配置（图1-13），配置步骤如下：

（1）点击上方菜单中动画菜单的"重置"键。

（2）点击动画菜单中的"启动"键。

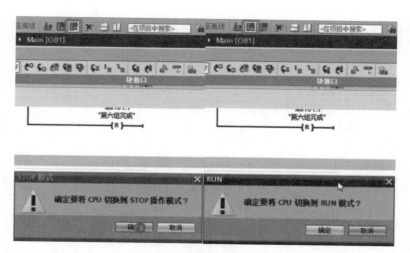

图 1 - 11　CPU 的复位

图 1 - 12　监视模式的切换

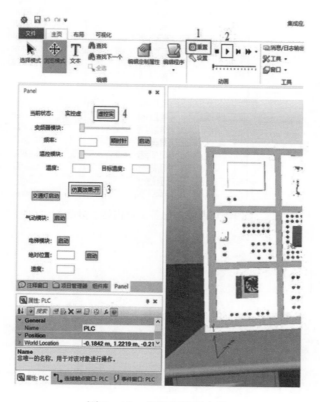

图 1 - 13　虚控实配置步骤

（3）点击左侧面板中的"仿真效果：开"，按钮显示为"仿真效果：关"则正确。

（4）点击左侧面板中的"虚控实"，按钮左边的"当前状态："后面显示为"虚控实"则正确。

（5）在控制标签中输入好地址后点击"Connect"进行效果仿真。控制标签窗口如图 1-14 和图 1-15 所示。

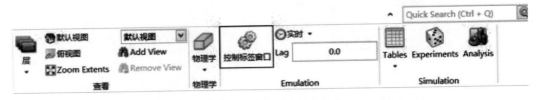

图 1-14　控制标签窗口

图 1-15　控制标签窗口内地址分配

【注意事项】

（1）进入界面后，需要导入相应的组件库才能出现相应的界面。
（2）在实验内容 2 中，需要成功连接才能实现后续效果。

【思考题】

如何编程可以实现指示灯 1～8 的亮灭时间随着指示灯的编号增加，如指示灯 1 点亮 1 s 且熄灭 1 s，指示灯 2 点亮 2 s 且熄灭 2 s……依次到指示灯 8？

实验 2　模拟启动交通灯

到了 20 世纪末,随着科技的进步,人们的生活水平日益提升,对于汽车的需求越来越大,但造成的交通事故、拥堵及交通污染问题已成为现代社会的公害之一。根据我国的特殊情况,城市土地资源尤其紧张,使用拓宽道路的方法来缓解交通压力已经快要行不通了。因此,使用现代控制技术对交通灯控制系统进行研究是一项迫切且有意义的工作。编程控制器 PLC 具有性能可靠、编程系统简单、编程易懂和便于学习等特点,适合作为学习交通信号灯的控制核心。

【实验目的】

(1) 熟悉使用 PLC 计数器、定时器指令。
(2) 掌握 PLC 的编程和调试方法。
(3) 初步了解应用 PLC 解决实际问题的全过程。

【实验原理】

1. PLC 系统 I/O 分配原理

在编写 PLC 程序时,首先需要对 I/O 口进行分配,I/O 信号要和 I/O 口一一对应,根据系统设置将 I/O 口进行分配。

本实验中,由于处于十字路口,四个方向共 12 盏灯,但是东西向和南北向两组对应的交通信号灯应该是同时亮灭的,显示效果是一样的。例如,东西向或南北向同时为红灯、绿灯、黄灯,因此它们相同颜色的灯可以共用一个输出接口,两组灯一共需要 6 个输出接口和“交通灯暂停”“交通灯启动”两个输入端口。表 2-1 为 I/O 分配表。

表 2-1　I/O 分配表

输入	功能	输出	功能
I0.0	交通灯启动	Q0.0	东西向绿灯
I0.1	交通灯暂停	Q0.1	东西向黄灯
		Q0.2	东西向红灯
		Q0.3	南北向绿灯
		Q0.4	南北向黄灯
		Q0.5	南北向红灯

2. 定时器/计数器的定时与计数

S7-1200 使用符合 IEC 标准的定时器和计数器指令。常用的定时器参数见表 2-2，IEC 定时器背景数据块如图 2-1 所示。

表 2-2 常用的定时器参数

参数	英文名称	中文名称	功能
IN	Input	定时器启动	启动定时
R	Reset	定时器复位	复位定时
PT	Preset Time	时间预设值	必须大于零
ET	Elapse Time	当前时间值	时间流逝值
Q	Output	输出	输出 1/0

定时器指令由以下四个组成：

（1）脉冲定时器：定时器的输入 IN 为输入启动端（图 2-1），在输入 IN 的上升沿（从 0 状态变为 1 状态），启动 PT，TON 和 TONR 开始定时。在输入 IN 的下降沿，启动 TOF，开始定时。脉冲定时器的时序如图 2-2 所示。

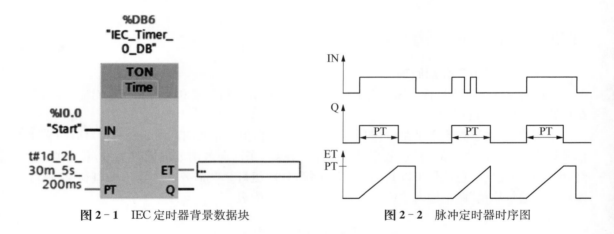

图 2-1 IEC 定时器背景数据块   图 2-2 脉冲定时器时序图

脉冲定时器的背景数据块的 PT（preset time）为预设值。ET（elapsed time）为定时开始后经过的时间，称为当前时间值，其单位为毫秒（ms）。Q 为定时器的位输出，各参数均可使用。

（2）接通延时定时器（TON）：接通延时定时器用于将 Q 输出的操作延时 PT 指定的一段时间，接通延时定时器时序如图 2-3 所示。IN 输入端的点亮断开时，定时器需要被复位，当前所计数的时间被清零，输出 Q 的状态变为 0 状态。CPU 第一次扫描时，定时器的输出 Q 端被清零。如果 IN 输入信号在未达到 PT 设定的时间时其状态变为 0 状态，输出 Q 的状态保持不变。

（3）关断延时定时器（TOF）：关断延时定时器能断开需要被断开的延时信号。当输入的信号 IN 从 0 变为 1 时，定时器启动，此时的输出 Q 为 1。当输入的信号 IN 从 1 变为 0 时，定时器开始计时，输出 Q 保持输出 1。若 ET＞PT，同时输入的 IN 保持为 0 时，定时器的输出 Q

也输出 0。在 ET 计时过程中,如果输出 IN 从 0 变为 1,则定时器复位;当从 1 变为 0 时,定时器重新开始计时。关断延时定时器时序如图 2-4 所示。

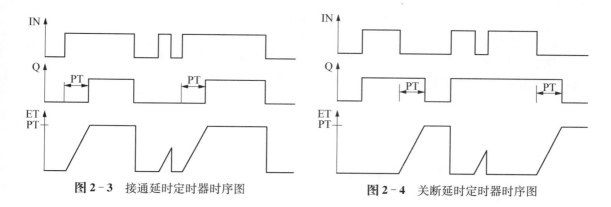

图 2-3　接通延时定时器时序图　　　　　图 2-4　关断延时定时器时序图

(4) 时间累加器(TONR):时间累加器能够将输入 IN 信号的状态 1 进行累加。当输入信号 IN 从 0 变为 1 时,定时器开始计时,此时定时器的输出 Q 值为 0。在定时器计时的过程中,流逝的时间实时被记录在 ET 中。

若在到达预设值 PT 之前,输入信号从 1 状态变为 0 状态时,定时器停止计时。若下次的输入信号 IN 从 0 状态变为 1 状态时,定时器从上次记录的当前时间值继续计时,一直到 ET 累计的时间大于或等于 PT 时,定时器的输出 Q 变为 1 状态。另外,当输出 Q 变为 1 状态时,无论输入 IN 的信号怎么变化,都保持为 1 状态;当复位信号 R 从 0 变为 1 时,输出 Q 和时间流逝值 ET 均被复位。时间累加器的时序如图 2-5 所示。

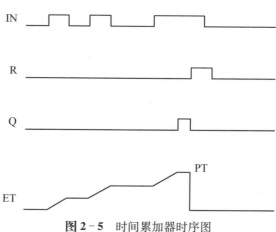

图 2-5　时间累加器时序图

【实验仪器】

(1) 装有 Demo3D 2015 及博图软件的电脑 1 台,并连接键盘、鼠标和网络。
(2) PLC 综合实训平台 1 套。

【实验内容】

1. 实验要求

(1) 本实验的交通灯受一个启动开关控制,当启动开关接通时,交通灯系统开始正常工作,且先南北向绿灯亮,后东西向红灯亮。当启动开关断开时,所有交通灯熄灭。

(2) 南北向绿灯维持 23 s,在南北向灯亮的同时东西向的红灯也亮,并维持 25 s。在南北向绿灯熄灭时,南北向黄灯亮,并维持 2 s。2 s 后,南北向黄灯熄灭,南北向红灯亮。同时东西向红灯熄灭,东西向绿灯亮。

（3）南北向红灯亮维持 30 s,东西向绿灯亮维持 28 s 后熄灭。同时东西向黄灯亮,维持 2 s 后熄灭,这时东西向红灯亮,南北向绿灯亮。

（4）上述的交通灯状态按照步骤 1、2、3 周而复始。

2. 模块介绍

该模块上小灯与其对面的相同小灯共用一个信号。例如,东、西红灯,使用一个信号控制,可以用此模块模拟交通灯的控制。交通灯模块如图 2-6 所示。

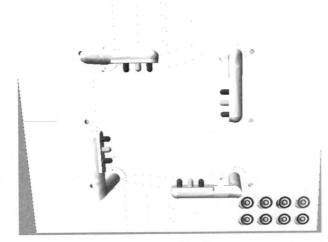

图 2-6　交通灯模块

3. 程序编写

（1）根据实验要求,确定控制对象为交通灯模块。

（2）根据上述实验要求设置点表,先根据交通灯点表（表 2-3）找到程序中要用交通灯的地址。

表 2-3　交通灯点表

功能	地址	信号流向	参考实际地址
交通灯启动	M200.2	Write To PLC	I0.0
南北红灯	M19.0	Read From PLC	Q0.5
南北黄灯	M19.1	Read From PLC	Q0.4
南北绿灯	M19.2	Read From PLC	Q0.3
东西红灯	M19.3	Read From PLC	Q0.2
东西黄灯	M19.4	Read From PLC	Q0.1
东西绿灯	M19.5	Read From PLC	Q0.0

（3）根据上述实验要求,画出交通灯流程图（图 2-7）。

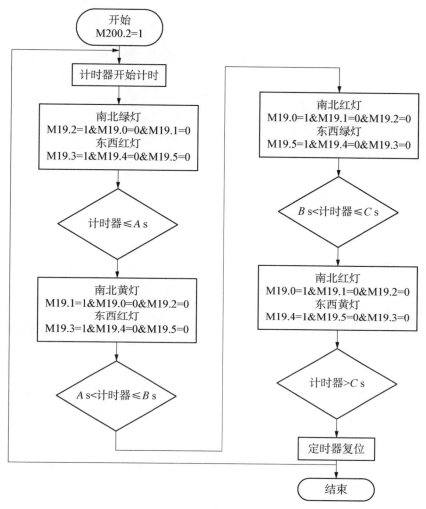

图 2 - 7　交通灯流程图

（4）完成程序点表后,打开博图软件进行编程,具体打开和新建项目操作已在实验 1 给出,根据实验要求和交通灯流程图完成程序编写并下载,具体操作已在实验 1 中给出。

（5）上述步骤完成后,打开 Demo3D 软件进行配置、连接,具体操作已在实验 1 给出,观看实验效果。

【注意事项】

（1）在进行程序设计时,应注意定时器的最小单位是"ms",定时器的已计时间值可由 ET 端保存。

（2）经分析,两组一共 12 盏灯完成一次工作需耗时 50 s,但定时器不能在记到 50 s 时就清零(断开 IN 端复位),因为 CPU 的一个扫描周期是不定的,必须在其完成本次扫描周期内的动作后,在下一个扫描周期才能进行计时器的复位,开始下一个循环。

【思考题】

画出本实验一个红绿灯工作周期中各个方向上指示灯的时序图,用脉冲宽度来表示时间,最小脉冲宽度设为 1 s。

实验 3　模拟移动气动装置

在传统行业中搬运货物时存在工作强度大、生产效率低的问题,而且此前市场上大多是在人工基础上运用半自动化设备搬运货物,其人工劳动强度还是很大的,且人工搬运过程存在很大的安全隐患。相对于半自动搬运货物,全自动货物搬运设备动作迅速且稳定性好,可以很好地降低劳动强度,提高工作安全性,促进生产的自动化,提高公司效益,并且机械手重复定位精度高,可以从事长时间连续作业。PLC 控制器的主板和接线端子固化的工业控制装置已经广泛应用在各种机械设备和生产过程中的自动控制系统,对自动化工厂的自动化移动的核心之一——气动模块是非常有必要的。

【实验目的】

（1）了解气动模块的基础知识。
（2）深度掌握 PLC 基础逻辑的使用。
（3）掌握 PLC 的 INC 加一指令。
（4）进一步掌握定时器指令的运用。

【实验原理】

1. 气动技术基础

气动技术的全称是气压传动与控制技术,是以压缩空气为工作介质来传递能量与信号,可以在工厂中实现各种生产过程、自动控制。气动技术即是将压缩气体由管道和控制阀输送给气动执行元件。气动技术的动力传递系统是将压缩气体的压力能转换为机械能而做功。传递信息的系统是利用气动逻辑元件或射流元件以实现逻辑运算等,亦称气动控制系统。

气动技术的控制阀主要有方向控制阀、压力控制阀和流量控制阀三大类。方向控制阀可分为单向型控制阀和换向型控制阀;压力控制阀可分为减压阀、溢流阀和顺序阀;流量控制阀可为节流阀、单向节流阀和排气节流阀等。气动控制阀组合成各类气动回路,气动回路能实现较复杂多变的控制功能。

2. PLC 气动系统时间控制

在气动系统的时间顺序动作控制过程中,执行机构动作的切换由时间控制。可利用 PLC 定时器(实验 2 中 IEC 定时器)对气动系统顺序动作进行控制。一般通过外部输入装置(如触摸屏人机界面)设定定时器的时间参数,由于本实验是软件编程模拟,因此所定时的时长由程序决定,编写的程序需要控制 PLC 气动系统的控制阀。

本实验使用的是无杆气缸,其结构如图 3-1 所示。活

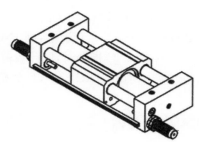

图 3-1　无杆气缸结构示意图

塞与滑块之间无机械连接,密封性比较好。活塞的动作通过磁耦合力传递到外部滑块,无需普通气缸的活塞杆,安装空间也比普通气缸少,最大行程也比普通气缸大,还能承受一定的侧向或偏心负载。想要驱动气缸运动,执行件电磁阀是必不可少的,本实验需要进行 PLC 编程来驱两位五通双电控电磁阀(图 3-2)。电磁阀中,给正动作线圈通电,则正动作气路接通(正动作出气孔有气),即使给正动作线圈断电后正动作气路仍然是接通的,将会一直维持到给反动作线圈通电为止;给反动作线圈通电,则反动作气路接通(反动作出气孔有气),即使给反动作线圈断电后反动作气路仍然是接通的,将会一直维持到给正动作线圈通电为止。这相当于"自锁"。

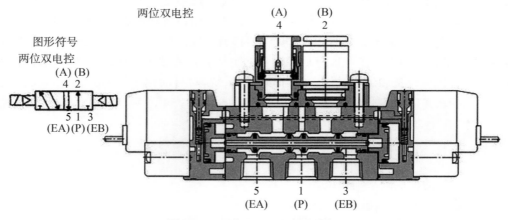

图 3-2 两位五通双电控电磁阀

3. INC 加一指令

顾名思义,其功能是将目标寄存数值加 1,如 INC D10,每执行一次这个指令,D10 里面的数值自动加 1。INC 指令应用程序如图 3-3 所示。

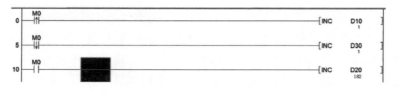

图 3-3 INC 指令应用程序

(1) 当 M0 得电,则第一行 M0 的上升沿脉冲通电一次,INC D10 指令执行一次,D10 的数值加 1。

(2) 当 M0 断电,则第二行 M0 的下降沿脉冲通电一次,INC D30 指令执行一次,D30 的数值加 1。

(3) 当 M0 得电,则第三行 INC D20 指令执行,每个周期执行一次,一般 PLC 的周期为 200 ms,也就是一直通电,则 INC D20 每隔 200 ms 加 1 一次。

使用 INC 指令时,D 计数范围是 16 位,也就是 $-32\,768 \sim +32\,767$。若要计数范围是 32 位,应当使用 DINC 指令,计数范围为 $-2\,147\,483\,648 \sim +2\,147\,483\,647$。

【实验仪器】

(1) 装有 Demo3D 2015 及博图软件的电脑 1 台,并连接键盘、鼠标、网络。

（2）PLC 综合实训平台 1 套。

【实验内容】

1. 实验要求

（1）为安全考虑，气缸没有完全缩回之前，不准左右移动。

（2）气缸左右移动时，不准伸出气缸。

（3）搬到右边后，再搬回来，实现一个或多个来回搬运。

（4）可以使流程暂停。

2. 模块介绍

此模块由 3 个气缸组成：左右移动、上下移动和夹子的松紧，可以通过此模块自主设计搬运流程，熟悉气缸控制。气动模块如图 3-4 所示。

3. 程序编写

（1）根据实验要求，确定控制对象为气动模块。

（2）根据上述实验要求进行点表，先根据气动模块电表（表 3-1）找到程序中要用交通灯的地址。

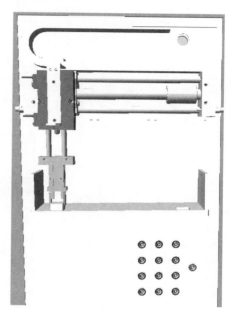

图 3-4　气动模块

表 3-1　气动模块电表

功能	地址	信号流向	参考实际地址
右移到位检测	M21.0	Write To PLC	I0.0
夹紧到位检测	M21.1	Write To PLC	I0.1
伸出到位检测	M21.2	Write To PLC	I0.2
缩回到位检测	M21.3	Write To PLC	I0.3
松开到位检测	M21.4	Write To PLC	I0.4
左移到位检测	M21.5	Write To PLC	I0.5
气缸缩回	M20.0	Read From PLC	Q0.0
气缸夹紧	M20.1	Read From PLC	Q0.5
气缸伸出	M20.2	Read From PLC	Q0.2
气缸左移	M20.3	Read From PLC	Q0.3
气缸右移	M20.4	Read From PLC	Q0.4
气动启动	M200.1	Write To PLC	I1.1

（3）根据上述实验要求，画出气动模块流程图（图 3-5）。

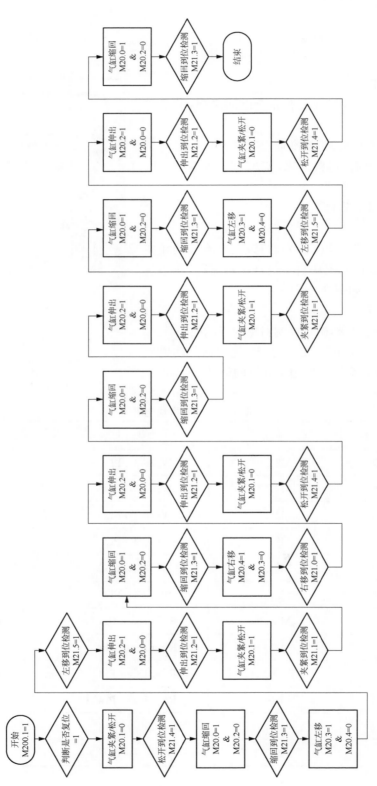

图 3 - 5　气动模块流程图

（4）完成程序点表后，打开博图软件进行编程，具体打开和新建项目操作已在实验 1 给出，根据实验要求和气动模块流程图完成程序编写并下载到设备，具体操作已在实验 1 给出。

（5）上述步骤完成后，打开 Demo 3D 软件进行配置、连接，具体操作已在实验 1 给出，观看实验效果。

【注意事项】

在程序中编程时，应考虑气缸的移动速度不宜过快，需要注意计数器的计数周期。

【思考题】

在本实验内容的基础上，通过更改编程改变气缸的移动速度，使左右移动的气缸和上下移动的气缸在不同速度下工作。

实验 4 PLC 综合实训平台触摸屏对程序的操作

在最初的 PLC 自动化中,大部分采用一个程序对应一个功能,机器只能按照程序来实现相应的功能,但不能在程序外进行额外操控,想要在原来的功能上增加选项,只能在程序上做修改或者通过按钮和拨码开关等硬件来控制,虽然能够实现简单的输入/输出交互,但是在比较复杂的环境中,这些硬件就显得有些力不从心。将触摸屏应用在 PLC 自动化中,在程序中对触摸屏编程,并将其作为电气设备的操作界面,是操作人员与设备之间双向沟通的桥梁。使用者可以自由组合文字、按钮、图形和数字等,用以代替鼠标、键盘来处理和监控管理随时可能变化的信息。但触摸屏本身不能编写程序,只能通过 PLC 等设备的程序对电气设备进行控制。因此,编写触摸屏操作组态时应与 PLC 控制程序相关联。

【实验目的】

掌握触摸屏程序下载,方便使用触摸屏对程序进行修改。

【实验原理】

1. 触摸显示屏

本 PLC 综合实训平台采用屏通的 FK070 - WST40 触摸屏,触摸屏编程软件采用 PM Designer V2.1。FK070 - WST40 采用 32 bits RISC Cortex - A8 600 MHz 处理器,7 英寸(1 英寸=25.4 mm) 800×480 TFT 显示器,128 MB DDR2 RAM 背光外形相关接口介绍。触摸屏外形如图 4 - 1 所示,触摸屏对应接口见表 4 - 1。

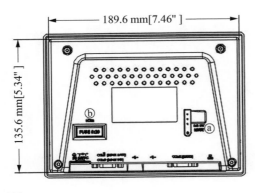
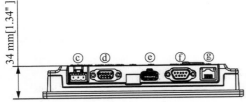

图 4 - 1 触摸屏外形

表 4 - 1 触摸屏对应接口

字母	接口
a	指拨开关
b	保险丝
c	电源接口
d	COM2 RS - 485 2 W/4 W, COM3 RS - 4852 W
e	USB Host
f	COM1 RS - 232
g	以太网络

2. IP 网段与子网掩码

1）IP 地址

IP 地址由四段组成，每个字段是一个字节，8 位，最大值是 255。IP 地址由两部分组成，即网络地址和主机地址。网络地址表示其属于互联网的哪一个网络，主机地址表示其属于该网络中的哪一台主机，两者是主从关系。

IP 地址根据网络号和主机号来分，分为 A、B、C 三类和特殊地址 D、E。全 0 和全 1 的都保留不用。

（1）A 类：（1.0.0.0～126.0.0.0，默认子网掩码为 255.0.0.0 或 0XFF000000）第一个字节为网络号，后三个字节为主机号。该类 IP 地址的最前面为"0"，所以地址的网络号取值于 1～126，一般用于大型网络。

（2）B 类：（128.1.0.0～191.255.0.0，默认子网掩码：255.255.0.0 或 0XFFFF0000）前两个字节为网络号，后两个字节为主机号。该类 IP 地址的最前面为"10"，所以地址的网络号取值于 128～191，一般用于中等规模网络。

（3）C 类（192.0.1.0～223.255.255.0，子网掩码：255.255.255.0 或 0XFFFFFF00）前三个字节为网络号，最后一个字节为主机号。该类 IP 地址的最前面为"110"，所以地址的网络号取值于 192～223，一般用于小型网络。

（4）D 类：是多路广播地址。该类 IP 地址的最前面为"1110"，所以地址的网络号取值为 224～239，一般用于多路广播用户。

（5）E 类：是保留地址。该类 IP 地址的最前面为"1111"，所以地址的网络号取值为 240～255。

回送地址为 127.0.0.1，也是本机地址，等效于 localhost 或本机 IP。

2）子网掩码

子网掩码能够指明一个 IP 地址所标识的主机所在的子网，并且不能单独存在，必须结合 IP 地址一起使用。它能够将某一个 IP 地址划分为网络地址和主机地址两部分。

子网掩码的地址默认是 32 位，A 类地址默认子网掩码为 255.0.0.0，B 类地址默认子网掩码为 255.255.0.0，C 类地址默认的子网掩码为 255.255.255.0。子网掩码通常有十进制和二级制两种表现形式，例如 255.255.0.0 用二进制表示则为 11111111.11111111.00000000.00000000，其中前面两个字节的 16 位"1"表示网络号，后面两个字节的 16 位"0"表示主机号。

【实验仪器】

（1）装有屏通触摸屏软件的电脑 1 台。

（2）自动化控制综合实训平台 PLC 系统 1 套。

（3）网线 1 根。

【实验内容】

触摸屏程序下载调试

（1）根据不同的通信协议，触摸屏可以完成与电脑和 PLC 间的通信。

（2）将触摸屏连接组态电脑，并能够为触摸屏提供下列功能：①传送编程项目；②传送设备影像；③将 HMI 设备恢复至工厂默认设置；④备份、恢复项目数据。

PLC 综合实训平台通过工业以太网将 HMI 设备和组态电脑进行连接，如图 4-2 所示。

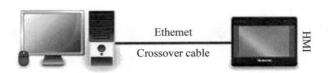

图 4-2　HMI 设备与电脑连接

（3）如果某 PLC 中含有操作系统和可执行的程序，则可以将 HMI 设备与该 PLC 连接，如图 4-3 所示。本实训平台采用网线与 S7-1200 PLC 连接，屏通软件主界面如图 4-4 所示。

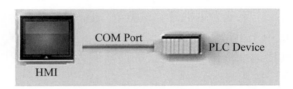

图 4-3　HMI 设备与 PLC 连接

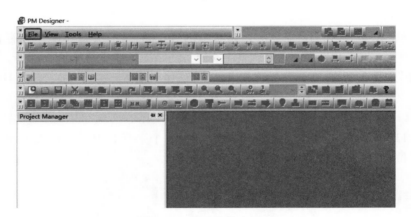

图 4-4　屏通软件主界面

（4）连接好 PLC 或电脑后，就可以对 HMI 设备进行测试：首先需要接通 HMI 设备的电源，屏幕亮起，同时在启动期间会显示进度条。HMI 设备开机后，需要电脑端对 HMI 设备进行配置：

① 打开屏通触摸软件，进入主界面后双击左上角的新建，屏通软件新建项目和选择尺寸，如图 4-5 所示。

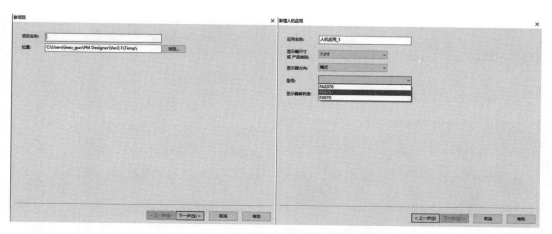

图 4 - 5　屏通软件新建项目和选择尺寸

②　新建项目之后,首先输入项目名称和保存位置,选择触摸屏的尺寸和型号,屏通软件地址选择(图 4 - 5);其次进行以太网通信的设置,把原来的 PLC 地址改为 192.168.1.X,触摸屏软件的帮助目录选择(图 4 - 6);最后点击完成,这样触摸屏上配置就完成了,触摸屏软件的帮助目录选择图 4 - 7 右侧的帮助→目录。

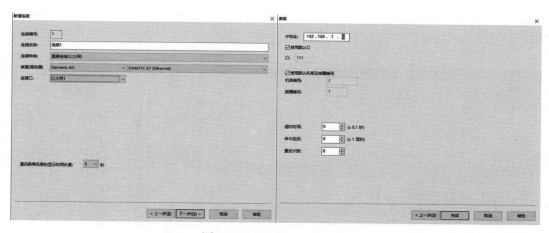

图 4 - 6　屏通软件地址选择

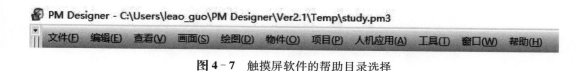

图 4 - 7　触摸屏软件的帮助目录选择

(5)　从电脑端配置完成后,需要对 HMI 面板进行设置,HMI 通电后可进入系统设定界面,一般设定可进入触摸屏的 IP 地址设置(图 4 - 8)。

(6)　进入一般设定后,需要设置触摸屏的 IP 地址和子网掩码。IP:192.168.1.X,X 为 0~255 范围内的值,但必须和上面设置的不同。子网设置完后按下确定按钮。HMI 地址设

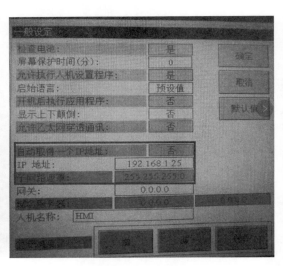

图4-8 HMI面板主界面   图4-9 HMI地址设置

置如图4-9所示。

（7）完成上述步骤后，需要在博图软件中设置S7-1200的IP地址及设置电脑上的IP地址，博图软件IP地址设置为192.168.1.100，子网掩码为255.255.255.0。电脑端IP地址设置为192.168.1.66，子网掩码为255.255.255.0。电脑和PLC的IP地址设置如图4-10所示。

图4-10 电脑和PLC的IP地址设置

（8）点击屏通触摸屏软件PM Designer V2.1的菜单栏上，从人机应用→下载数据到触摸屏→弹出图4-11画面。勾选当前人机应用运行数据及系统程序，选中以太网的连线设置并输入正确的触摸屏IP地址，保证触摸屏通上电源及电脑与触摸屏之间建立网线连接，点击开始,即可传送触摸屏程序,软件下载到 HMI 设备上如图 4 - 11 所示。

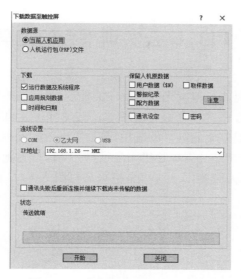

图 4 - 11　软件下载到 HMI 设备上

【注意事项】

(1) PLC、触摸屏和电脑的 IP 网段必须统一,即都必须在 192.168.1. X(X 表示 0~255 的任一值),且子网掩码要一致,为 255.255.255.0,否则可能无法通信。

(2) 确保网线接法正确。

(3) 确保通信方式选择正确。

(4) 确保触摸屏选择及设置正确。

(5) 不可将触摸屏的电源正负极电线接反。

【思考题】

触摸屏的界面程序是在电脑屏通软件进行设计的,之后通过 TCP/IP 协议将指定的格式发向触摸屏,而触摸屏里拥有主频达 600 MHz 的 ARM 处理器。该 ARM 处理器是如何处理从主机发送的数据,然后将触摸反馈发送至 PLC 并进行相应控制的?

实验5 PLC综合实训平台的跑马灯模块

跑马灯,也叫流水灯,是指一串发光体在程序的控制下,按照一定规律点亮或熄灭,以达到特定的视觉效果。跑马灯在很多场合都有应用,如广告灯箱、滚动字幕,还有一些小的创意作品等,虽然形式多样,但都是基于跑马灯的应用,是很多嵌入式课程入门的项目。在现实中,考虑到成本问题,跑马灯的控制芯片以单片机为多见,将PLC作为跑马灯控制芯片的较为少见,但是为了让PLC的学习更为简单化、可视化,将跑马灯引入PLC能够提高PLC相关指令的使用熟练度。

【实验目的】

(1) 学会PLC移位指令和整数计算指令的使用。
(2) 根据控制要求,掌握PLC的编程方法和程序调试方法。
(3) 掌握跑马灯的实验设计与PLC的连线方法。

【实验原理】

在本实验中,要求启动时,8盏灯从左到右逐个点亮;全部点亮时,再从右到左逐个熄灭;全部熄灭后,再从右到左逐个点亮;全部点亮时,再从左到右逐个熄灭。上述过程不断循环。

1. PLC接线和端口配置

要符合上述要求,需要对PLC的接线端口进行配置,首先要了解按钮指示灯模块供电。

(1) 按钮指示灯模块24 V+(红色)接电源24 V(红色),按钮指示灯模块的0 V(蓝色)接电源0 V(蓝色)。

(2) 硬件组态加上DI8×24 V DC_1。

(3) I/O端口配置见表5-1。

表5-1 PLC端口设置

PLC参考输入	功能	PLC参考输出	功能
I2.0	开始	Q0.0	指示灯1
I2.1	复位	Q0.1	指示灯2
		Q0.2	指示灯3
		Q0.3	指示灯4
		Q0.4	指示灯5
		Q0.5	指示灯6
		Q0.6	指示灯7
		Q0.7	指示灯8

2. PLC 的移位指令

在 PLC 中,移位指令包括右移位序列(SHR)和左移位序列(SHL)如图 5 - 1 所示。"右移"指令 SHR 和"左移"指令 SHL 将输入参数 IN 指定的存储单元整个内容逐位右移或左移若干位,移位的位数用输入参数 N 来定义,移位的结果保存在输出参数 OUT 指定的地址中。而移位又分为有符号数移位和无符号数移位,无符号数移位和有符号数左移后空出来的位用 0 填充。有符号整数右移后空出来的位用符号位(原来的最高位)填充,正数的符号位为 0,负数的符号位为 1。当移位位数 $N=0$ 时不会位移,因此 IN 指定的输入值被赋值给 OUT 指定的地址,数据的右移如图 5 - 2 所示。

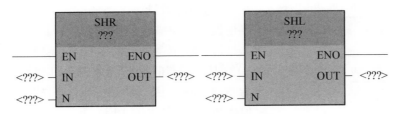

图 5 - 1　PLC 的左、右移位指令

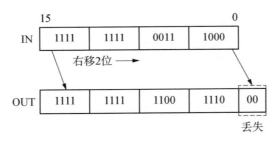

图 5 - 2　数据的右移

左移 N 位相当于原来的数乘以 2^N,如将 16#20 左移 2 位,相当于原来的数乘以 4,左移后得到的十六进制数为 16#80。

3. PLC 整数计算指令

PLC 的整数计算指令为四则计算法则中的加减乘除,在 PLC 对应的指令为"ADD""SUB""MUL""DIV"(图 5 - 3),被运算的操作数数据类型可选整数和浮点数,IN1 和 IN2 可以为常数,并且输入和输出的数据类型应相同。整数计算指令操作见表 5 - 2。

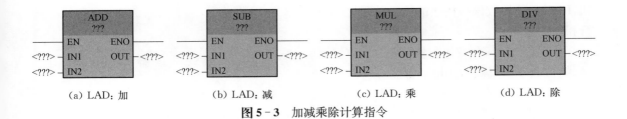

| (a) LAD:加 | (b) LAD:减 | (c) LAD:乘 | (d) LAD:除 |

图 5 - 3　加减乘除计算指令

表 5 - 2　整数计算指令操作

梯形图	描述	梯形图	描述
ADD	IN1＋IN2＝OUT	MUL	IN1・IN2＝OUT
SUB	IN1－IN2＝OUT	DIV	IN1/IN2＝OUT

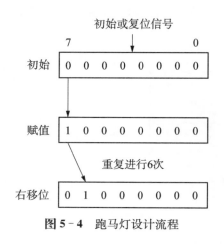

图 5 - 4　跑马灯设计流程

整数除法指令的计算方法为将得到的商截尾取整后，作为整数格式的输出 OUT。ADD 和 MUL 指令还支持有多个输入，往后增加的输入编号依次递增。

4. 跑马灯设计

根据前节的描述，实验对跑马灯实现现象的要求，对跑马灯进行数字逻辑上的设计，设 LED 亮时的状态为 1，LED 灭时的状态的为 0，因此跑马灯初始化或复位时的状态为 00000000。由于是从左到右亮，故需要对最高位进行赋值操作，将最左边的 LED 灯点亮，之后采用移位指令，将最高位的 1 每次移动 1 位共移动 7 次，这样就能实现 8 个 LED 灯从左往右依次点亮。跑马灯设计流程如图 5 - 4 所示。

【实验仪器】

（1）装有博图软件的电脑 1 台。
（2）带按钮指示灯模块演示板的 PLC 实验装置 1 台。
（3）连接导线及网线若干。

【实验内容】

1. 实验要求

程序运行后，8 个指示灯从左往右依次点亮，间隔时间为 1 s，要求不采用判断计时的时间差来确定点亮的灯。

2. 模块介绍

（1）第一排绿色按钮为向 PLC 输出的按钮，PLC 上能接收该排按钮的输入信号，然后进行相应的处理。

（2）第二排绿色按钮为接收来自 PLC 的信号，能接收 PLC 输出的电频信号，该排按钮上的灯会随着信号进行改变。PLC 综合实训平台上的按钮指示灯模块如图 5 - 5 所示。

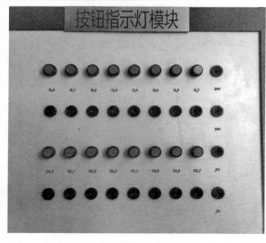

图 5 - 5　PLC 综合实训平台上的按钮指示灯模块

3. 程序编写

（1）根据实验要求，确定控制对象为指示灯模块。

（2）根据上述实验要求设置点表，先根据指示灯的点表（表 5-3）找到程序中要用指示灯的地址。

表 5-3　指示灯的点表

功能	地址	读/写状态	仿真软件显示	功能	地址	读/写状态	仿真软件显示
小灯 1	M18.0	Read From PLC	Bulb1	小灯 6	M18.5	Read From PLC	Bulb6
小灯 3	M18.2	Read From PLC	Bulb3	小灯 7	M18.6	Read From PLC	Bulb7
小灯 4	M18.3	Read From PLC	Bulb4	小灯 8	M18.7	Read From PLC	Bulb8
小灯 5	M18.4	Read From PLC	Bulb5	小灯 2	M18.1	Read From PLC	Bulb2

（3）根据上述实验要求，画出跑马灯程序流程图（图 5-6）。

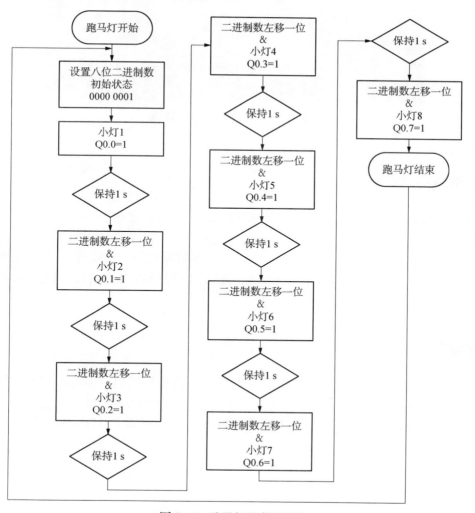

图 5-6　跑马灯程序流程图

（4）完成程序点表后，打开博图软件进行编程，具体打开和新建项目操作已在实验 1 给出，根据实验要求和跑马灯流程图完成程序编写并下载，具体操作已在实验 4、实验 5 中给出。

（5）上述步骤完成后，在屏通软件进行配置，与 PLC、电脑进行连接，具体操作已在实验 5 给出。

（6）程序、硬件配置好后在 HMI 设备运行，HMI 的跑马灯控制界面如图 5-7 所示，观察 PLC 平台上的实验效果是否和预期的一致。

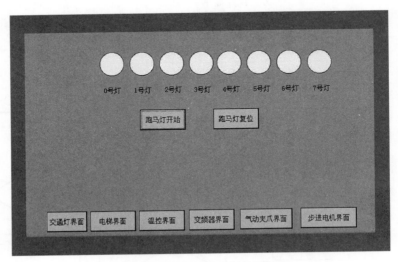

图 5-7 HMI 的跑马灯控制界面

【注意事项】

（1）连接按钮指示灯的正负极时，不要接反，如果接反，预想的跑马灯点亮顺序则可能会不正确。

（2）在进行移位指令的操作时，应注意每次移位的间隔时间。如果过短，就会出现 8 盏灯"同时亮"的情况，这是由于频率过快造成人眼的视觉暂留。如果频率过长，跑马灯的效果就不太明显。

【思考题】

在本程序的基础上，对指示灯采用左移指令，并且指示灯随着左移的次数改变移动的位数。例如，点亮最高位指示灯 1000_0000，左移 1 位 0000_0001，左移 2 位 0000_1000，总共左移 3 次，这个过程循环 5 次，间隔为 1 s。如果间隔时间再小一点（如 1 kHz），会产生什么现象？

实验 6　PLC 综合实训平台的交通灯模块

我国科学技术的不断进步推动了诸多领域,如汽车领域的发展,截至 2017 年我国有接近 2.7 亿辆汽车,汽车几乎遍布我们所生活城市的每一个角落。迅速增加的汽车数量给城市的交通系统带来了极大的冲击和挑战,城市交通急需合理、可靠运行的交通灯控制系统,而 PLC 由于自身工作稳定可靠、编程简单的特点得到了广泛的应用。

【实验目的】

(1) 进一步理解交通灯的工作流程。
(2) 掌握定时器指令、计数器指令的用法。
(3) 掌握在实际 PLC 综合实训平台上如何使用交通灯模块和 PLC 的编程思路。

【实验原理】

1. 通用时间控制指令
所用的指令见实验 2。

2. 求余数指令
在实际生活中,交通灯中的红、绿、黄灯会在快要结束时闪烁,用于提醒驾驶员及行人通行时间或停止通行时间已经快要结束。而使用 PLC 控制交通灯,使用的计时器可以是递增,也可以是递减的。为了控制交通灯的闪烁,可以根据计时器快要到达指定闪烁时间时,让交通灯跟着计时器的时间进行亮灭操作。

为了实现闪烁的功能,我们将使用 MOD_DI 指令,即返回双精度整数余数,其功能符号如图 6-1 所示,在使能(EN)输入的信号状态为 1 时会激活返回双精度整数余数指令。此指令用输入 IN2 除输入 IN1,可在 OUT 处扫描余数(分数)。若结果超出长整型数的允许范围,则状态字的 OV 和 OS 位会被置为 1,且 ENO 被置为 0。

MOD_DI 运算实例如图 6-2 所示,在输入端 I0.0 的信号状态为 1 时会激活 MOD_DI 框。MD0 除以 MD4 的余数(分数)将存储在存储器双字 MD10 中。若结果超出长整型数的允许范围或输入端 I0.0 的信号状态为 0,则会将输出 Q4.0 置为 0,并且不执行该指令。例如, MD0 端为 10,MD4 端为 2,则 MD10 端输出 0,即余数为 0。

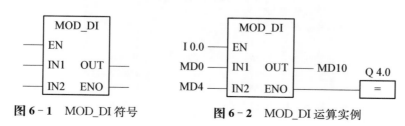

图 6-1　MOD_DI 符号　　　　　图 6-2　MOD_DI 运算实例

【实验仪器】

(1) 装有博图软件的电脑 1 台。

(2) 带按钮交通灯模块演示板的 PLC 实验装置 1 台。

(3) 连接导线及网线若干。

【实验内容】

1. 实验要求

(1) 本实验的交通灯受一个启动开关控制,当启动开关接通时,交通灯系统开始正常工作,且先南北向绿灯亮,之后东西向红灯亮。当启动开关断开时,所有交通灯熄灭。

(2) 南北向绿灯维持 23 s,南北向绿灯距离计时结束 5 s 时开始闪烁;在南北向绿灯亮的同时东西向的红灯也亮,并维持 25 s;东西向红灯距离计时结束 5 s 时开始闪烁。在南北向绿灯熄灭时,南北向黄灯亮,并维持 2 s,为闪烁状态;2 s 后,南北向黄灯熄灭,南北向红灯亮。同时东西向红灯熄灭,东西向绿灯亮。

(3) 南北向红灯亮维持 30 s,南北向红灯在距离计时结束 5 s 时开始闪烁,东西向绿灯亮维持 28 s 后熄灭,东西向绿灯在距离计时结束 5 s 时开始闪烁。同时东西向黄灯亮,维持 2 s 后熄灭,这时东西向红灯亮,南北向绿灯亮。

(4) 上述的交通灯状态按照步骤 1、2、3 周而复始。

2. 模块介绍

(1) PLC 综合实训平台上的左右方向为程序中的东西向,且该方向的红灯、黄灯、绿灯共用 3 个接口。

(2) PLC 综合实训平台上的上下方向为程序中的南北向,且该方向的红灯、黄灯、绿灯共用 3 个接口。

该模块总共使用 PLC 6 个端口。PLC 综合实训平台上的交通灯模块如图 6-3 所示。

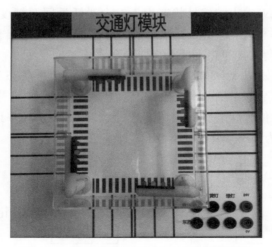

图 6-3 PLC 综合实训平台上的交通灯模块

3. 程序编写

（1）根据实验要求，确定控制对象为交通灯模块。

（2）根据上述实验要求设置点表，先根据点表找到程序中要用交通灯的地址，已经在实验2 中给出。

（3）根据上述实验要求，画出程序流程图，具体流程图已经在实验 2 给出。

（4）完成程序点表后，打开博图软件进行编程，具体打开和新建项目操作已在实验 1 给出，根据实验要求和交通灯流程图完成程序编写并下载，具体操作已在实验 1 中给出，具体的程序详见实验 2。

（5）根据程序，在综合平台上的交通灯模块进行连线见表 6 - 1。

表 6 - 1   PLC 上交通灯的连线

功能	PLC 端口	控制功能
输入	I0.0	开始
	I0.1	复位
输出	Q0.0	东西方向红灯
	Q0.1	南北方向绿灯
	Q0.2	南北方向黄灯
	Q0.3	南北方向红灯
	Q0.4	东西方向绿灯
	Q0.5	东西方向黄灯

（6）上述步骤完成后，在屏通软件进行配置，与 PLC、电脑进行连接，具体操作已在实验 5 给出。

（7）程序、硬件配置好之后在 HMI 设备运行，交通灯模块的 HMI 面板如图 6 - 4 所示，观察 PLC 平台上的实验效果是否和预期一致。

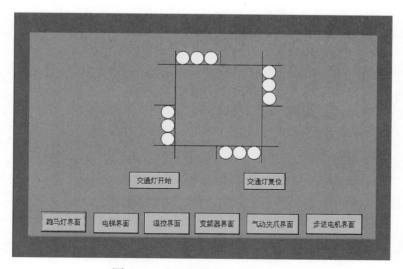

图 6 - 4   交通灯模块的 HMI 面板

【注意事项】

在进行交通灯程序编写的时候,应该是将红灯和黄灯的时间总和作为绿灯时间,防止交通灯时间混乱,编写程序时使用求余的方法控制交通灯闪烁。

【思考题】

目前任何一种晶振都是有误差的,低频率都是由高频率分频而来的,因此定时器在定时 1 s 的时候是不精准的。请查找本 PLC 设备的晶振参数及定时器使用的分频参数,计算出本实验中交通灯 1 年后的时间误差是多少(按照 365 天来计算)?

第 2 章

PLC 控制进阶综合实验

实验 7　模拟电梯升降

在现代建筑中,电梯是高层建筑中不可缺少的交通运输工具,电梯承担着上下运输的重任,其运行质量对居民日常生活的影响十分显著。随着科学技术的发展,传统电梯控制系统逐渐被淘汰,PLC 电梯控制系统开始获得广泛的应用,使得控制效率更高,同时也降低了故障率。本实验将在仿真软件上模拟电梯运行的编程与效果实现。

【实验目的】

（1）通过对工程实例的模拟,熟练地掌握 PLC 的编程和程序调试方法。

（2）进一步熟悉多种硬件组合编程及中断指令等使用。

（3）了解电梯采用外按钮控制的编程方法。

【实验原理】

通过连接继电器模块来驱动电梯电机的转动。当前楼层小于请求楼层时,电梯电机正转,电梯上升;当前楼层大于请求楼层时,电梯电机反转,电梯下降;当前楼层等于请求楼层时,电梯电机保持不动。

电梯电机驱动程序需要使用硬件中断组织块。硬件中断组织块用于处理需要快速响应的过程事件,出现硬件中断事件时,立即终止当前正在执行的程序,改为执行对应的硬件中断。

【实验仪器】

（1）装有 Demo3D 2015 及博图软件的电脑 1 台,并连接键盘、鼠标和网络。

（2）PLC 综合实训平台 1 套。

【实验内容】

1. 实验要求

（1）按钮:在点击电梯模块的按钮时,会向 PLC 发送请求信号,同时按钮会亮起,直到电梯到达请求的楼层。

（2）电机:能根据发起请求的楼层,进行正转或反转,到达目标楼层。

（3）数字面板:能够根据传感器的信号,实时显示电梯的所在楼层,并根据电机的正转或反转,亮起相应的上行/下行指示灯。

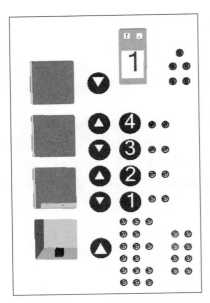

图 7-1 电梯模块

2. 模块介绍

此模块中包含上/下限位、4 个楼层传感器、10 个按钮及 1 块数字显示屏，当然，还有最重要的电机在后面；用户可通过各种传感器的信号来判断电梯状态，模拟电梯的运作，电梯模块如图 7-1 所示。

3. 程序编写

（1）根据实验要求，确定控制对象为电梯模块。

（2）根据上述实验要求设置点表，先根据电梯的点表（表 7-1）找到程序中要用电梯的地址。

（3）根据上述实验要求，画出电梯模块程序流程图（图 7-2）。

（4）完成程序点表后，打开博图软件进行编程，具体打开和新建项目操作已在实验 1 给出，根据实验要求和电梯程序流程图完成程序编写并下载，具体操作已在实验 1 中给出。

表 7-1 电梯的点表地址

功能	地址	信号流向	实际地址
四楼到位传感器	M12.3	Write To PLC	I0.3
一楼到位传感器	M12.0	Write To PLC	I0.0
二楼到位传感器	M12.1	Write To PLC	I0.1
三楼到位传感器	M12.2	Write To PLC	I0.2
四楼内按钮	M11.3	Write To PLC	I0.7
一楼内按钮	M11.0	Write To PLC	I0.4
二楼内按钮	M11.1	Write To PLC	I0.5
三楼内按钮	M11.2	Write To PLC	I0.6
四楼下按钮	M10.5	Write To PLC	I2.5
三楼下按钮	M10.4	Write To PLC	I2.4
二楼下按钮	M10.2	Write To PLC	I2.2
三楼上按钮	M10.3	Write To PLC	I2.3
二楼上按钮	M10.1	Write To PLC	I1.1
一楼上按钮	M10.0	Write To PLC	I1.0
楼层数字显示 A 口	M13.0	Read From PLC	Q0.2

（续表）

功能	地址	信号流向	实际地址
楼层数字显示 B 口	M13.1	Read From PLC	Q2.7
楼层数字显示 C 口	M13.2	Read From PLC	Q0.4
下行指示灯	M14.1	Read From PLC	Q0.0
上行指示灯	M14.0	Read From PLC	Q0.1
电梯电机反转	M15.1	Read From PLC	Q2.6
电梯电机正转	M15.0	Read From PLC	Q2.5
电梯启动	M200.0	Write To PLC	I2.0
电梯下限位	M12.4	Write To PLC	I2.6
电梯上限位	M12.5	Write To PLC	I2.7
二楼下按钮灯	M17.1	Read From PLC	Q2.1
一楼上按钮灯	M17.0	Read From PLC	Q1.1
四楼内按钮灯	M16.7	Read From PLC	Q1.0
三楼内按钮灯	M16.6	Read From PLC	Q0.7
二楼内按钮灯	M16.5	Read From PLC	Q0.6
一楼内按钮灯	M16.4	Read From PLC	Q0.5
四楼下按钮灯	M16.3	Read From PLC	Q2.4
三楼上按钮灯	M16.2	Read From PLC	Q2.2
三楼下按钮灯	M16.1	Read From PLC	Q2.3
二楼上按钮灯	M16.0	Read From PLC	Q2.0

（5）上述步骤完成后，打开 Demo3D 软件进行配置、连接，具体操作已在实验 1 给出，观看实验效果。

【注意事项】

在整个电梯运行期间，当电梯处在中间楼层且同时有上下楼层按钮按下时，应遵循上行为先、下行为后的原则。

【思考题】

两层电梯的上下 4 个按钮同时按下时，会优先处理哪一层？

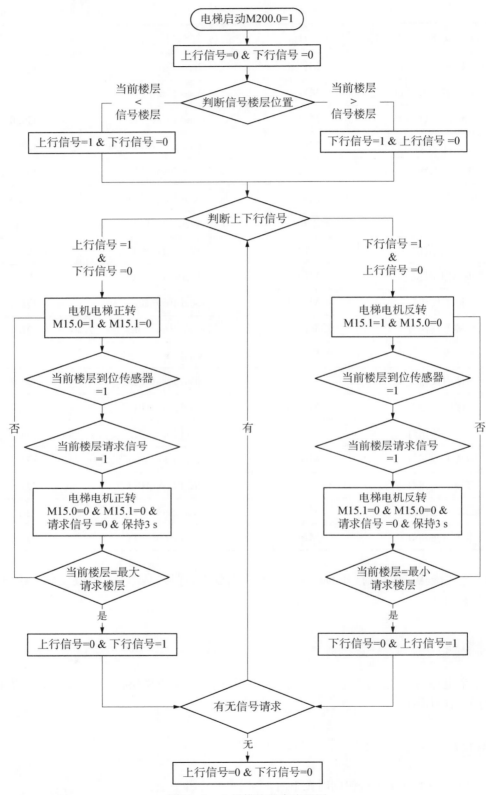

图 7 - 2 电梯模块程序流程图

实验 8　模拟温度的平衡控制

温度平衡控制在工业上运用广泛,如老化房、加热炉灯装置等。温度控制一般采用 PTC 加热器、PID 温度调节和 PLC 控制等,但随着 PLC、工业网络及监控组态软件的迅速发展,基于 PLC 控制温度的技术越来越有优势。

【实验目的】

(1) 掌握 PLC、PID 指令的使用方法。
(2) 进一步掌握 PLC 的编程和调试方法。
(3) 掌握温控模块实验设计与 PLC 的连线方法。

【实验原理】

1. PID 算法及其指令

(1) PID 算法是一个广泛应用于计算机的基本算法,具有原理模型简单、容易实现、鲁棒性强等优点,而且 PID 控制是温度控制回路最常用的基本形式,是一个闭环控制系统。在 PLC 编程软件中使用时需要设置回路参数、设置回路输入/输出选项和分配存储区等步骤,PID 数学控制算法公式为:

$$u(t) = k_{\mathrm{p}}e(t) + k_{\mathrm{i}}\int e(t)\mathrm{d}t \, k_{\mathrm{d}}\frac{\mathrm{d}e(t)}{\mathrm{d}t}$$

式中,k_{p} 为比例增益;k_{i} 为积分增益;$e(t)$ 为系统输入偏差,为温度设定值与实测值之间的差值;$\mathrm{d}e(t)$ 为偏差变化率。

(2) PID 指令,在本实验中使用的是"PID_Compact"组态 PID 控制器,可供选择的控制器类型(controller type)有:"General""Illuminance""Temperature"等,用于预先选择需控制值的单位,如选用"Temperature"作为控制器类型是将控制值单位设为"摄氏度"。完成 PID 控制器选择后,还需要为其设定值、实际值和工艺对象"PID_Compact"的被控变量提供输入和输出参数。

2. 温度传感器

温度传感器能够为 PID 对象提供目前温度的模拟量,为 PID 控制做基准。

【实验仪器】

(1) 装有 Demo3D 2015 及博图软件的电脑 1 台,并连接键盘、鼠标和网络。
(2) PLC 综合实训平台 1 套。

【实验内容】

1. 实验要求

（1）使风扇在温度高于设定温度时转动，低于设定温度时停止。

（2）面板上的滑动条滑动时会不断输出数据，将此数据作为温度传感器的模拟量。

（3）面板上的文本框内可以填入数字，将此数字作为设定的恒定温度。

（4）高于恒定温度时，风扇会转动；低于此温度时，风扇会停止。

2. 模块介绍

通过模拟温度传感器和风扇，使用户初步熟悉模拟量以及通过判断模拟量的值实现控制。温控模块如图 8-1 所示。

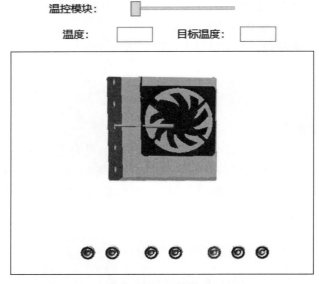

图 8-1 温控模块

3. 程序编写

（1）根据实验要求，确定控制对象为温控模块。

（2）根据上述实验要求设置点表，先根据温控模块点表（表 8-1）找到程序中要用电热丝和风扇的地址。

表 8-1 温控模块点表

功能	地址	信号流向	实际地址
散热风扇	M23.0	Read From PLC	Q0.0
温度模拟量（虚拟）	MW104	Write To PLC	IW64
目标温度	MD116	Write To PLC	MD116

（3）根据上述实验要求，画出温控模块程序流程图，如图 8 - 2 所示。

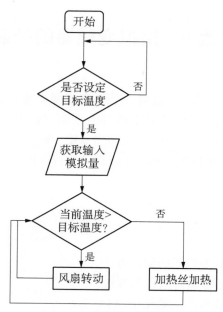

图 8 - 2　温控模块程序流程图

（4）完成程序点表后，打开博图软件进行编程，具体打开和新建项目操作已在实验 1 给出，根据实验要求和温控模块流程图完成程序编写并下载，具体操作已在实验 1 中给出。

（5）上述步骤完成后，打开 Demo3D 软件进行配置、连接，具体操作已在实验 1 给出，观看实验效果。

【注意事项】

（1）目标加热的温度不要高于加热丝的熔点。

（2）目标温度不能低于室温。

【思考题】

本实验中风扇的转速能调节吗？风扇的转速会不会根据距离目标温度的差值越小而转得越慢？

实验 9　模拟变频器的控制

变频器主要由整流(交流变直流)、滤波、逆变(直流变交流)、制动单元、驱动单元、检测单元微处理单元等组成。变频器靠内部 IGBT 的开断来调整输出电源的电压和频率,根据电机的实际需要来提供其所需要的电源电压,进而达到节能、调速的目的,另外,变频器还有很多的保护功能,如过流、过压、过载保护等。随着工业自动化程度的不断提高,变频器也得到了非常广泛的应用。

【实验目的】

(1) 掌握在仿真软件中对变频器的编程方法。
(2) 进一步掌握 PLC 输入/输出的使用方法。
(3) 熟悉和掌握高速计数器功能的使用。
(4) 了解 PLC 在虚拟编程控制中实际工程的编程步骤。

【实验原理】

高速计数器指令

(1) PLC 的普通计数器的计数过程与扫描工作方式有关,CPU 通过每一个扫描周期读取一次被测信号的方法来捕捉被测信号的上升沿,被测信号的频率较高时,会丢失计数脉冲,因此普通计数器的最高工作频率一般仅有几十赫兹。高速计数器(high speed counter, HSC)可以对发生速率快于程序循环执行速率的事件进行计数。而 HSC 一般与增量式编码器一起使用,后者每圈发出一定数量的计数脉冲和一个复位脉冲,作为 HSC 的输入。

(2) HSC 一共有 4 种高速计数模式,分别是具有内部方向控制的单相计数器、具有外部方向控制的单相计数器、具有两路时钟脉冲输入的双相计数器和 A/B 相正交计数器。而且每种高速计数模式都可以使用或不使用复位输入。复位输入为 1 状态时,HSC 的实际计数值被清除。直到复位输入变为 0 状态,才能启动计数功能。

【实验仪器】

(1) 装有 Demo3D 2015 及博图软件的电脑 1 台,并连接键盘、鼠标和网络。
(2) PLC 综合实训平台 1 套。

【实验内容】

1. 实验要求

（1）根据按钮发出的信号切换变频器方向。

（2）面板上的滑动条滑动时会不断输出数据，将此数据作为控制频率的模拟量。

（3）通过"变频器启动"信号使程序启动或暂停。变频器模块如图 9-1 所示。

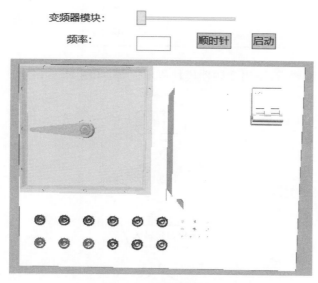

图 9-1 变频器模块

2. 模块介绍

此模块使用户初步熟悉变频器的控制，通过控制频率来间接控制指针的转动速度。控制的频率和转动速度的关系。输入和输出频率关系如图 9-2 所示。

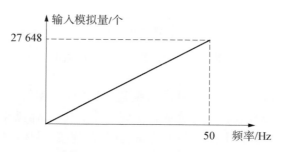

图 9-2 输入和输出频率关系

3. 程序编写

（1）根据实验要求，确定我们的控制对象为变频器模块。

（2）根据上述实验要求设置点表，先根据变频器点表 9-1 找到程序中要用的变频器地址。

表 9 - 1　变频器点表

功能	地址	信号流向	实际地址
变频器频率（虚拟）	MW88	Write To PLC	MW88
变频器频率	MW84	Read From PLC	QW64
变频器反转	M30.1	Read From PLC	Q0.0
变频器正转	M30.0	Read From PLC	Q0.1
变频器启动	M33.1	Write To PLC	I0.0
变频器方向控制	M33.0	Write To PLC	I0.1

（3）根据上述实验要求，画出变频器模块程序流程，如图 9 - 3 所示。

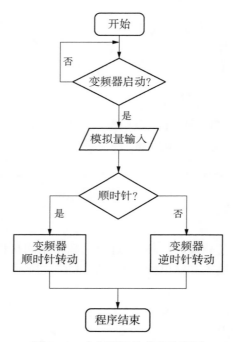

图 9 - 3　变频器模块程序流程图

（4）完成程序点表后，打开博图软件进行编程，具体打开和新建项目操作已在实验 1 给出，根据实验要求和变频器模块流程图完成程序编写并下载，具体操作已在实验 1 中给出。

（5）上述步骤完成后，打开 Demo3D 软件进行配置、连接，具体操作已在实验 1 给出，观看实验效果。

【注意事项】

顺时针和逆时针转动时，最大输出频率为 50 Hz，以保证对应输出对应模拟量的上限。

【思考题】

计算每一赫兹需要多少范围的输入模拟量？如果是 21.3 Hz 的频率，PLC 是通过哪种方式得到的？如果是通过分频的方式，那么属于哪种分频方式？

实验 10　模拟步进电机转动的控制

通常情况下 PLC 之内的指令系统会和变频器相互整合，并且应用在工业自动化生产中，可以有效进行电机运转和调速的控制。在此期间应该将电机平滑电路，合理地融入 PLC 和 PWM 的变频器之内，利用 PWM 的指令数值设置，以便于实现转速控制的目的。在 PWM 的指令之内，脉冲周期输出大小会使系统所输出的电压纹波受到影响，应该予以一定的重视，采用有效措施解决问题，以提升相关的控制效果，达到预期工作目的。

【实验目的】

（1）掌握高速脉冲输出指令的使用方法。
（2）熟悉闭环控制的编程方法。
（3）了解脉冲宽度调制的周期和占空比。

【实验原理】

高速脉冲输出指令

高速脉冲输出功能是指可以在 PLC 的某些输出端产生高速输出脉冲，用来驱动负载实现精确控制，高速脉冲输出在步进电机控制中有着广泛的应用。高速脉冲输出有高速脉冲串输出（PTO）和脉冲宽度调制输出（PWM）两种形式，也可以以两种形式中的任意组合输出脉冲。脉冲宽度与脉冲周期之比称为占空比，脉冲串输出（PTO）功能提供占空比为 50% 的方波脉冲列输出。脉冲宽度调制（PWM）功能提供脉冲宽度可以用程序控制的脉冲列输出。

在与之相匹配的 HSC 的输出端不能任意选择，只能为系统指定的输出点：Q0.0 和 Q0.1。如果 Q0.0 和 Q0.1 在程序执行时被指定用于高速脉冲输出，其通用功能将被自动禁止，任何输出刷新、输出强制和立即输出等指令都无效。只有高速脉冲输出不用的输出点才可以作普通数字量输出点使用。HSC 与高速脉冲输出闭环控制，步进电机闭环控制原理如图 10－1 所示。

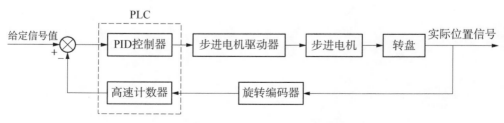

图 10-1　步进电机闭环控制原理图

【实验仪器】

（1）装有 Demo3D 2015 及博图软件的电脑 1 台，并连接键盘、鼠标和网络。
（2）PLC 综合实训平台 1 套。

【实验内容】

1. 实验要求

（1）使伺服电机能够按照要求的速度和位置移动到指定位置。
（2）将步进电机绝对位置（虚控实）作为目标位置。
（3）将步进电机速度（虚控实）作为电机速度。

2. 模块介绍

伺服电机能够让使用者掌握简单的闭环控制方法和指令的使用。

3. 程序编写

（1）根据实验要求，确定我们的控制对象为伺服电机模块。
（2）根据上述实验要求设置点表，先根据伺服电机点表（表 10－1）找到程序中要用的伺服电机地址。

表 10－1　伺服电机点表

功能	地址	信号流向	实际地址
伺服电机原点	M22.2	Write To PLC	I0.0
伺服电机前限位	M22.3	Write To PLC	I0.1
伺服电机后限位	M22.4	Write To PLC	I0.2
伺服电机位置	MD80	Read From PLC	MD80

（3）根据上述实验要求，画出伺服电机程序流程图（图 10－2）。
（4）完成程序点表后，打开博图软件进行编程，具体打开和新建项目操作已在实验 1 给出，根据实验要求和伺服电机流程图完成程序编写，并下载，具体操作已在实验 1 中给出。
（5）上述步骤完成后，打开 Demo3D 软件进行配置、连接，具体操作已在实验 1 给出。之后在左侧面板"绝对位置"后的文本框中填入目标位置，回车；再在左侧面板"速度"后的文本框中填入电机速度，回车。电机会移动至目标点。观察实验效果是否与程序一致。

【注意事项】

在程序编写时应注意步进电机的转动速度是由 PLC 给的频率高低决定的，并不取决于 PLC 输出脉冲的占空比。

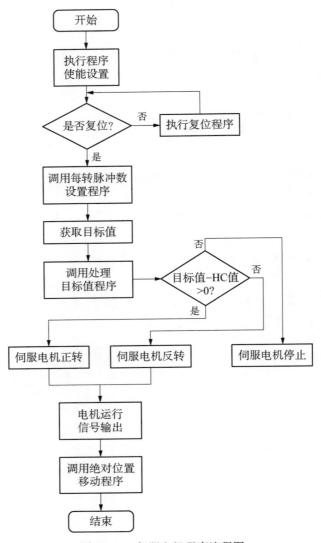

图 10 - 2　伺服电机程序流程图

【思考题】

如何通过脉冲个数来确定转动角度？另外，试一试通过下列公式计算伺服电机编码器的分辨率：

$$每转脉冲数 \times \frac{电子齿轮分子}{电子齿轮分母} = 编码器的分辨率$$

实验 11　PLC 综合实训平台上对气动夹爪的移动

机械手广泛用于机械制造、冶金、电子和轻工等部门,其执行机构一般由液压、气动或电机来完成,由于气压技术以压缩空气为介质,结构简单、重量轻、动作迅速、平稳、可靠、节能及工作寿命长,特别是对环境没有污染、易于控制和维护,因此机械手的驱动系统常采用气动技术。机械手系统最核心的部分是执行系统和控制系统,这里我们介绍 PLC 综合实训平台来实现对气动机械手的控制。

【实验目的】

(1) 学会将 PLC 移位指令用于顺序控制的使用。

(2) 根据控制要求,掌握 PLC 的编程方法和程序调试方法。

(3) 掌握气动夹爪的实验设计与 PLC 的连线方法。

【实验原理】

所谓顺序控制,就是按照生产工艺预先规定的顺序,在各个输入信号的作用下,根据内部状态和时间的顺序,在生产过程中各个执行机构自动有秩序地进行操作。使用顺序控制设计法时,首先根据系统的工艺过程画出顺序功能图(sequential function chart,SFC),然后根据顺序功能图画出梯形图。

本次实验采用的顺序控制是单序列,所谓的单序列由一系列相继激活的步组成,每一步的后面仅有一个转换,每一个转换的后面只有一个步,没有其他步分支和合并。

【实验仪器】

(1) 装有博图软件的电脑 1 台。

(2) 带按钮交通灯模块演示板的 PLC 实验装置 1 台。

(3) 连接导线及网线若干。

【实验内容】

1. 实验要求

(1) 按下复位按钮时,开始复位。复位顺序为:夹爪松开→夹爪缩回→气缸左移。

(2) 按下开始按钮时,夹爪开始动作。动作顺序为:夹爪伸出→夹爪夹紧→夹爪缩回→气缸右移→夹爪伸出→夹爪松开→夹爪缩回→夹爪伸出→夹爪夹紧→夹爪缩回→气缸左移→夹爪伸出→夹爪松开→夹爪缩回,这样完成一次动作。此后一次循环执行上述动作,气动夹爪运动过程如图 11-1 所示。

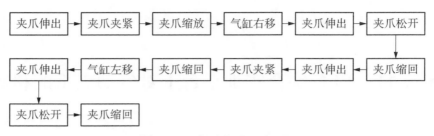

图 11 - 1　气动夹爪运动过程

2. 模块介绍

气缸夹爪模块供电：按钮指示灯模块 24 V＋(红色)接电源 24 V(红色)，按钮指示灯模块 0 V(蓝色)接电源 0 V(蓝色)。PLC 综合实训平台上的接线见表 11 - 1。PLC 综合实训平台上的气动模块如图 11 - 2 所示。

表 11 - 1　PLC 综合实训平台接线

参考输入	功能	参考输出	功能
I1.0	复位	Q0.3	气缸左移
I1.1	开始	Q0.4	气缸右移
I0.5	左移到位检测	Q0.2	气缸伸出
I0.0	右移到位检测	Q0.0	气缸缩回
I0.2	伸出到位检测	Q0.5	气缸夹紧
I0.3	缩回到位检测		
I0.1	夹紧到位检测		
I0.4	松开到位检测		

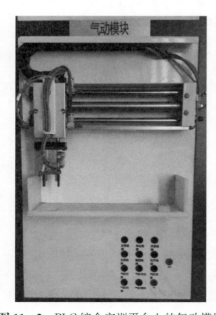

图 11 - 2　PLC 综合实训平台上的气动模块

3. 程序编写

(1) 根据实验要求，确定我们的控制对象为气动模块。

(2) 根据上述实验要求设置点表，指示灯的地址点表已经在实验 3 中给出。

(3) 根据上述实验要求，画出程序流程图(已经在实验 3 给出)。

(4) 完成程序点表后，打开博图软件进行编程，具体打开和新建项目，选择操作已在实验 1 给出。根据实验要求和气动夹爪流程图完成程序编写并下载，具体操作已在实验 4、实验 5 中给出。

(5) 上述步骤完成后，在屏通软件中进行配置，与 PLC、电脑进行连接，具体操作已在实验 5 给出。

(6) 程序、硬件配置好之后在 HMI 设备运行，气动夹爪的 HMI 界面如图 11 - 3 所示，观察 PLC 平台上的

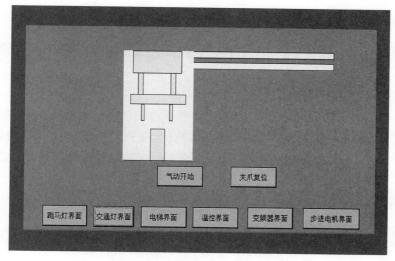

图 11-3　气动夹爪的 HMI 界面

实验效果是否和预期一致。

【注意事项】

气缸的伸缩速度可以通过定时器来调节控制阀,进而调节其伸出气缸最远行程的时间。

【思考题】

如果左移到位、右移到位、伸出到位和收缩到位都除开,仅靠计算气缸移动的时间来得到气缸位移的行程,多次操作之后气缸会有什么后果?

实验 12　PLC 综合实训平台上对电梯模块的升降操作

电梯质量的好坏,在很大程度上取决于控制系统的质量。电梯控制系统主要采用以下三种控制方式:①继电器控制系统;②PLC 控制系统;③微机控制系统。PLC 控制系统由于运行可靠、维修方便、抗干扰性强等优越性,成为目前在电梯控制系统中使用最多的控制方式。

【实验目的】

(1) 熟悉针对电梯的编程方法。
(2) 熟悉 PLC 的输入/输出使用方法及扩展模块的连接和使用。
(3) 掌握 PLC 对工程实例的控制,熟练运用 PLC 指令和编程。

【实验原理】

1. 电梯的结构

电梯是机体与电机紧密结合的复杂产品,是垂直交通运输工具中使用最普遍的一种,其基本组成包括机械部分和电气部分,结构包括四大空间(机房部分、井道及底坑部分、围壁部分和层站部分)和八大系统(曳引系统、导向系统、门系统、轿厢、重量平衡系统、电力拖动系统、电气控制系统和安全保护系统)组成。

2. 电梯工作原理

电梯的安全保护装置用于电梯的启停控制;轿厢操作盘用于轿厢门的关闭、轿厢需要到达楼层的控制等;厅外呼叫的主要作用是当有人员进行呼叫时,电梯能够准确达到呼叫位置;指层器用于显示电梯达到的具体位置;拖动控制用于控制电梯的起停、加速和减速等功能;门机控制主要用于控制当电梯达到一定位置后,电梯门能够自动打开,或者门外有人员要求乘梯时,电梯门能够自动打开。电梯控制系统结构示意如图 12 - 1 所示。

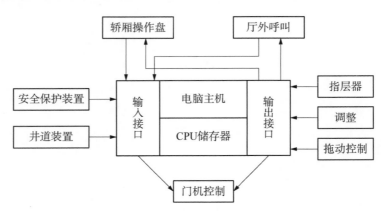

图 12 - 1　电梯控制系统结构图

　　电梯信号控制由 PLC 软件实现。输入到 PLC 的控制信号有运行方式选择(如自动、有司机、检修、消防运行等方式)、运行控制、轿内指令、层站召唤、安全保护信号、开关门及限位信号、门区和平层信号等。电梯信号控制系统如图 12－2 所示。

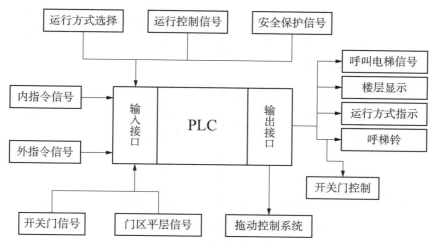

图 12－2　电梯信号控制系统

3. 电梯模块 I/O 分配原理

　　在编写 PLC 程序时,需要对电梯模块 I/O 口进行分配,I/O 信号要和 I/O 口一一对应,根据系统设置将 I/O 口进行分配。

　　由电磁阀的工作原理可知:一个单线圈电磁阀使用 PLC 时,需要 2 个输入和 1 个输出;一个双线圈电磁阀需要 3 个输入和 2 个输出;一个比例式电磁阀需要 3 个输入和 5 个输出。一个按钮需要 1 个输入;一个光电开关要占用 1 个或 2 个输入点;一个信号占用 1 个输出点;而波段开关,有几个波段就占用几个;一般情况,各个位置开关都要占用 2 个输入点。根据上述原理分析,本设计用到 6 个按钮,需要 6 个输入点。4 个位置按钮,需要 8 个输入点。15 个信号灯,需要 15 个输出点。表 12－1 为 I/O 分配表。

表 12－1　I/O 分配表

参考输入	功能	参考输出	功能
I1.0	电梯 1 楼上按钮	Q1.1	1 楼上按钮灯
I2.2	电梯 2 楼下按钮	Q2.1	2 楼下按钮灯
I1.1	电梯 2 楼上按钮	Q2.0	2 楼上按钮灯
I2.4	电梯 3 楼下按钮	Q2.3	3 楼下按钮灯
I2.3	电梯 3 楼上按钮	Q2.2	3 楼上按钮灯
I2.5	电梯 4 楼下按钮	Q2.4	4 楼下按钮灯
I0.4	1 楼内启动	Q0.5	1 楼启动灯
I0.5	2 楼内启动	Q0.6	2 楼启动灯

（续表）

参考输入	功能	参考输出	功能
I0.6	3 楼内启动	Q0.7	3 楼启动灯
I0.7	4 楼内启动	Q1.0	4 楼启动灯
I0.0	1 楼到位传感器	Q0.2	楼层显示（A）
I0.1	2 楼到位传感器	Q2.7	楼层显示（B）
I0.2	3 楼到位传感器	Q0.4	楼层显示（C）
I0.3	4 楼到位传感器	Q0.1	电梯上行灯（上）
		Q0.0	电梯下行灯（下）
		Q2.5	电梯电机正转
		Q2.6	电梯电机反转

【实验仪器】

（1）带有 S7 - 1200 编程软件的计算机 1 台。
（2）带 4 层电梯演示板的 PLC 实验装置 1 台。
（3）连接导线及网线若干。

【实验内容】

本实验模拟实际电梯运行过程，主要由按钮和相应的指示灯显示来实现。电梯内有楼层选择按钮，即"1、2、3、4"按钮，每层有相应的上升和下降指示按钮，电梯在运行过程中要点亮相对应的楼层数和上升、下降箭头。

电梯在上行过程中，如果某楼层有上行选择信号，则电梯到达该楼层停止，消除上升箭头，同时对应的上升信号灯灭。

电梯在下行过程中，如果某楼层有下行选择信号，则电梯到达该楼层停止，消除下降箭头，同时对应的下降信号灯灭。

电梯在上行时，优先服务于上行的选择信号；电梯在下行时，优先服务于下行的选择信号。当电梯经过或停在某层时，要显示所在楼层号。当电梯停在某层时，本层的选择信号不起作用。

电梯在上行过程中，如果楼层上行、下行信号都有信号，电梯应优先服务于上行信号。同样，电梯在下行过程中，如果楼层上行、下行都有信号，电梯应优先服务于下行信号。

【注意事项】

（1）确定电梯的用途是客梯、货梯还是病梯。

（2）确保电梯的层数和站数是否一致,有无盲层。

（3）确定称重信号是由压力传感器产生还是由分离开关产生。

（4）确定楼层信号的输出方式是七段码、BCD 码还是其他编码输出。

【思考题】

试计算电梯的下行速度不高于多少时,处在电梯里的人不会感到失重? 基于此并根据程序,确定本实验电梯的上下行速度。

实验 13 PLC 综合实训平台上温控模块的使用

自动控制系统在各个领域,尤其是工业领域中有着极其广泛的应用,温度控制是控制系统中最为常见的控制类型之一。随着 PLC 技术的飞速发展,通过 PLC 对被控对象进行控制成为今后自动控制领域的一个重要发展方向。温度控制系统广泛应用于工业控制领域,如钢铁厂、化工厂和火电厂等锅炉的温度控制系统。而温度控制在许多领域中也有广泛的应用。这方面的应用大多是基于单片机进行 PID 控制,然而单片机控制的 DDC 系统软硬件设计较为复杂,特别是涉及逻辑控制方面更不是其优势,然而 PLC 在这方面却是公认的最佳选择。根据大滞后、大惯性和时变性的特点,一般采用 PID 调节进行控制。随着 PLC 功能的扩充,在许多 PLC 控制器中都扩充了 PID 控制功能,因此在逻辑控制与 PID 控制混合的应用场所中采用 PLC 控制是较为合理的。

【实验目的】

(1) 学会 PLC、PID 指令的使用。

(2) 根据控制要求,掌握 PLC 的编程方法和程序调试方法。

(3) 掌握温度控制模块实验设计与 PLC 的连线方法。

【实验原理】

1. PID 控制原理

模拟量闭环控制较好的方法之一是 PID 控制,PID 控制原理如图 13-1 所示。PID 在工业领域的应用已经有 60 多年,现在依然被广泛地应用。人们在应用的过程中积累了许多的经验,PID 研究现在已经到达一个比较高的程度。

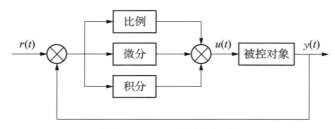

图 13-1 PID 控制原理图

比例控制(P)是一种最简单的控制方式,其控制器的输出与输入误差信号成比例关系。具有快速反应、控制及时的特点,但不能消除余差。

在积分控制(I)中,控制器的输出与输入误差信号的积分成正比关系。积分控制可以消除余差,但具有滞后特点,不能快速对误差进行有效的控制。

在微分控制(D)中,控制器的输出与输入误差信号的微分(即误差的变化率)成正比关系。微分控制具有超前作用,它能预测误差变化的趋势,避免较大的误差出现,微分控制不能消除余差。

PID 控制中 P、I、D 各有自己的优点和缺点,它们一起使用的时候又会互相制约,但只要合理地选取 PID 值,就可以获得较高的控制质量。

2. PID 回路控制指令

首先,通过定时(按照采样时间)执行 PID 功能块,按照 PID 运算规律,根据当时的给定、反馈、比例、积分和微分数据,计算出控制量。其次,PID 功能块通过一个 PID 回路表交换数据,这个表在数据存储区中,长度为 36 字节。最后,每个 PID 功能块在调用时需要指定两个要素——PID 控制回路号,以及控制回路表的起始地址(以 VB 表示)。PID 控制指令如图 13-2 所示,指令含义见表 13-1。

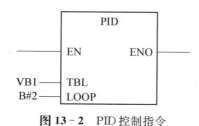

图 13-2　PID 控制指令

表 13-1　指令含义

指令	含义
TBL	PID 控制环起始地址(VB)
Loop	控制环号(0~7)

【实验仪器】

带有 S7-1200 编程软件的计算机 1 台。

【实验内容】

1. 实验要求

本实验模拟 PID 温控模块运行,主要由加热丝和散热风扇来实现。先预设一个固定温度,当温度小于一定值时,加热丝开始加热;当温度高于一定值时,散热风扇启动。

2. 程序编写

(1)面板上的滑动条滑动时会不断输出数据,将此数据作为温度传感器的模拟量。

(2)面板上的文本框内可以填入数字,将此数字作为设定的恒定温度。

(3)高于恒定温度时,风扇会转动;低于此温度时,风扇会停止。

设计思路如图 13-3～图 13-5 所示,I/O 分配表见表 13-2。

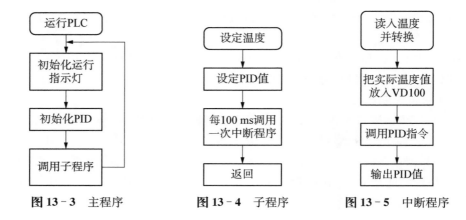

图 13-3 主程序   图 13-4 子程序   图 13-5 中断程序

表 13-2 I/O 分配表

输入	功能	输出	功能
IW64	温度传感器模拟量	Q0.0	风扇开关
		Q0.1	加热丝开关

【注意事项】

(1) 注意程序中最多可用 8 条 PID 指令。

(2) 在 PID 控制运算过程中,当指令执行条件为 OFF 时,所有设定值保持不变,通过把操作量写入输出字,可以进行手动控制。

【思考题】

连续温控与断续温控有何区别?

实验 14　PLC 综合实训平台上对变频器的控制

变频器是运动控制系统中的功率变换器。变频器是利用电力半导体器件的通断作用,将工频电源变换为另一频率的电能控制装置。当今的运动控制系统是包含多种学科的技术领域,总的发展趋势是:驱动的交流化,功率变换器的高频化,控制的数字化、智能化和网络化。因此,变频器作为系统的重要功率变换部件,提供可控的高性能变压变频的交流电源而得到迅猛发展。现在变频器多与 PLC 配合使用,如 PLC 通过变频器控制电机的正反转、变频运行等。

【实验目的】

(1) 熟悉针对变频器的编程方法。
(2) 熟悉 PLC 的输入/输出使用方法及 HSC 功能的使用。
(3) 掌握 PLC 对工程实例的控制,熟练运用 PLC 指令及编程。

【实验原理】

1. 变频器

1) 变频器的工作原理

交流电动机的同步转速公式为:

$$n = 60f(1-s)/p$$

式中,n 为异步电动机的转速;f 为异步电动机的频率;s 为电动机转差率;p 为电动机极对数。

由上式可知,转速 n 与频率 f 成正比,只要改变频率 f 即可改变电动机的转速,当频率 f 在 0~50 Hz 的范围内变化时,电动机转速调节范围非常宽。变频器就是通过改变电动机电源频率实现速度调节的,是一种理想的高效率、高性能的调速手段。

2) 变频器控制方式

低压通用变频输出电压为 380~650 V、输出功率为 0.75~400 kW、工作频率为 0~400 Hz,它的主电路都采用"交—直—交"电路。其控制方式经历了以下五代(表 14 - 1)。

表 14 - 1　变频器控制方式

序号	控制方式	序号	控制方式
1	$U/f = C$ 的正弦脉宽调制(SPWM)	4	直接转矩控制(DTC)
2	电压空间矢量(SVPWM)	5	矩阵式交—交控制
3	矢量控制(VC)		

2. 变频器使用

实验配线部分接线端子为 MI1、MI2、DCM、AVI、ACM。接线端子功能介绍见表 14 - 2。

表 14 - 2　接线端子功能介绍

端子	功能说明	出厂设定
MI1	正转运转—停止指令	MI1 - DCM：导通(ON)表示正常运转，断路(OFF)表示减速停止
MI2	反转运转—停止指令	MI2 - DCM：导通(ON)表示正常运转，断路(OFF)表示减速停止
DCM	数字控制信号的共同端	多功能输入端子的共同端子
AVI	模拟电压频率指令	阻抗：470 kΩ 解析度：10 bit 范围：0~10 Vdc 对应 0~最大输出频率 选择方式：参数 02.00、02.09、10.00 设定：参数 04.14~04.17
ACM	模拟控制信号共同端	模拟控制信号共同端子

参数设置见表 14 - 3。

表 14 - 3　参数设置

参数码	参数功能	设定范围
02.00	第一频率指令来源设定	0：由数字操作器输入 1：由外部端子 AVI 输入模拟信号 DC 0~+10 V 控制 2：由外部端子 ACI 输入模拟信号 DC 4~20 mA 控制 3：由通信 RS485 输入 4：由数字操作器上所附 VR 控制
02.01	运转指令来源设定	0：由数字操作器输入 1：由外部端子操作键 STOP 有效 2：由外部端子操作键；键盘 STOP 键无效 3：由 RS - 485 通信界面操作键盘 STOP 键有效 4：由 RS - 485 通信界面操作键盘 STOP 键无效
02.02	电机停车方式选择	0：以减速刹车方式停止，EF 自由运转停止 1：以自由运转方式停止，EF 自由运转停止 2：以减速刹车方式停止，EF 减速停止 3：以自由运转方式停止，EF 减速停止
02.04	电机运转方向设定	0：可反转 1：禁止反转 2：禁止正转

【实验仪器】

（1）带有 S7 - 1200 编程软件的计算机 1 台。

（2）带变频器控制模块的 PLC 实验装置 1 台。

（3）连接导线若干。

【实验内容】

变频器模块设计

本实验需控制变频器的方向和频率使指针转动，并根据所给数值不断变化。具体设计包括三个方面：①手动启动变频器；②利用模拟量输出功能来控制转速；③利用 HSC 实现对变频器的控制。

1）手动启动变频器

手动启动变频器时，变频器上电时主显示区显示为驱动器目前设定的频率。以 30 Hz 为例来说明手动启动变频器的方法。

（1）按 [ENTER] 进入参数设定模式（设定 02.00、02.01、02.04）。

（2）根据面板上的 [▲] 或 [▼] 按钮，将参数 02.00、02.01、02.04 都设为 0。

（3）设定完成后按 [RUN]，即可以实现电机的正转启动。这时变频器上 RUN 和 FWD 指示灯亮。

（4）电机反转。根据键盘面板操作流程转向设定即可实现。这时变频器上 RUN 和 REV 指示灯亮。

（5）按面板上的 [STOP RESET] 按钮，即可以实现电机停止转动。

2）模拟量控制启动变频器

（1）参数设定（设定 02.00、02.01、02.04）。

（2）将 02.00 设定为 1，即由外部端子 AVI 输入模拟信号 DC 0～＋10 V 控制；02.01 设定为 1，即由外部端子操作键盘 STOP 键有效；02.04 设定为 0，即可反转。

（3）变频器模块供电。变频器模块 24 V＋（红色）接电源 24 V（红色），变频器模块 0 V（蓝色）接电源 0 V（蓝色）。

（4）电梯模块 I/O 分配表（表 14 - 4）。

表 14 - 4　I/O 分配表

输入	功能	输出	功能
I0.0	变频器启动	Q0.0	正转/停止
I0.1	变频器方向控制按钮	Q0.1	反转/停止
I0.2	A 相	QW64	控制频率
I0.3	B 相		

【注意事项】

（1）对 PLC 本身应按规定的接线标准和接地条件进行接地，而且应注意避免和变频器使用共同的接地线,且在接地时使两者尽可能分开。

(2) 当电源条件不太好时,应在 PLC 的电源模块及 I/O 模块的电源线上接入噪声滤波器、电抗器和能降低噪声用的器件等,另外若有必要,在变频器输入一侧也应采取相应的措施。

【思考题】

如何使用 PLC 控制变频器实现多挡转速及变频、工频的自动切换?

实验 15　PLC 综合实训平台上对步进电机的驱动

随着微电子技术和计算机技术的发展,PLC 有了突飞猛进的发展,其功能已远远超出了逻辑控制、顺序控制的范围,继续沿着小型化的方向发展。随着电动机本身应用领域的拓宽及各类整机的不断小型化,要求与之配套的电动机也必须越来越小。对电动机进行综合设计,即把转子位置传感器、减速齿轮和电动机本体综合设计在一起,这样使其能方便地组成一个闭环系统,因而具有更加优越的控制性。目前利用 PLC 可以方便地实现对电机速度和位置的控制,方便地进行各种步进电机的操作,完成各种复杂的工作,它代表了先进的工业自动化革命,加速了机电一体化的实现。

【实验目的】

(1) 学会 PLC 高速脉冲输出指令和步进电机的工作原理。
(2) 根据控制要求,掌握 PLC 的编程方法和程序调试方法。
(3) 掌握步进驱动的实验设计与 PLC 的连线方法。

【实验原理】

1. 步进电机

1) 步进电机的工作原理

步进电机是一种将电脉冲转化为角位移的执行机构。当步进驱动器接收到一个脉冲信号,它就驱动步进电机按设定的方向转动一个固定的角度(简称“步距角”),它的旋转是以固定的角度一步一步运行的,可以通过控制脉冲个数来控制角位移量,从而达到准确定位的目的,同时可以通过控制脉冲频率来控制电机转动的速度和加速度,从而达到调速的目的。

步进电动机的工作原理实际上是电磁铁的工作原理。

2) 步进电机驱动器

步进电机必须有驱动器和控制器才能正常工作。驱动器的作用是对控制脉冲进行环形分配、功率放大,使步进电机绕组按一定顺序通电,控制电机转动。驱动器内部结构如图 15-1 所示。

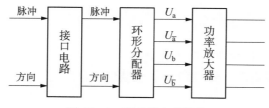

图 15-1　驱动器内部结构

2. 步进电机和驱动器简介

1）步进电机参数（表 15-1）

表 15-1 步进电机参数

参数	内容	参数	内容
型号	23HS2001	温升	85 ℃
相数	2 相	转动惯量	0.22 kg·cm²
相电流	1.7 A	螺距	2 mm
驱动电压	DC(24～40)V	轴向间隙	0.1～0.3 mm
空载启动转速	300 r/min	工作环境	−25～+55 ℃
重量	0.65 kg		

2）原理示意图

PLC 控制步进电机原理示意如图 15-2 所示。

图 15-2 原理示意图

3. PLC 高速脉冲输出指令

脉冲输出（PLS）指令功能为：使能有效时，检查用于脉冲输出（Q0.0 或 Q0.1）的特殊存储器位（SM），然后执行特殊存储器位定义的脉冲操作。脉冲输出 PLS 指令格式如图 15-3 所示。

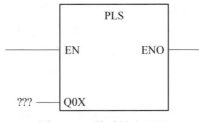

图 15-3 脉冲输出 PLS

【实验仪器】

（1）带有 S7-1200 编程软件的计算机 1 台。

（2）带有步进驱动模块演示板的 PLC 实验装置 1 台。

（3）连接导线若干。

【实验内容】

1. 伺服电机模块实验要求

模块上电时,首先手动执行回原点操作,其次手动向右移动一段距离(30 mm),最后以 30 mm 为中心,左右往复移动 10 mm 距离。电机运转时,可以暂停当前动作。

2. 模块介绍

(1) 步进模块供电:步进模块 24 V+(红色)接电源 24 V(红色),步进模块 0 V(蓝色)接电源 0 V(蓝色)。

(2) 步进电机模块 I/O 分配表(表 15-2)。

表 15-2　I/O 分配表

输入	功能	输出	功能
I2.0	开始	Q0.0	脉冲
I2.1	暂停	Q0.1	方向
I2.2	手动右移	Q0.2	使能
I2.3	向左回原位		
I0.0	原位		
I2.5	强制		
I0.1	前限位		
I0.2	后限位		

【注意事项】

(1) 步进电机步数设定必须在驱动器未加电或者虽然已加电但电机未运行的状态下。

(2) 当使能信号不连接时默认驱动器正常工作。

【思考题】

(1) 如何改变步进电机的转速?

(2) 如何编写一个使步进电机正转 3.5 圈、反转 3 圈的循环程序?

第 3 章

基于 PLC 的工业机器人提高综合实验

实验 16 机器人仿真软件的基本操作

Demo3D 是由英国 Emulate3D 公司开发的高逼真物流系统动画、仿真及控制平台，开创物流系统辅助工具的新标杆，帮助企业以低成本、高效率提升四个核心环节的成功率。

【实验目的】

熟悉并掌握 Demo3D 的基本操作。

【实验仪器】

（1）装有 Demo3D 2015 软件的电脑 1 台，并连接键盘、鼠标和网络。
（2）PLC 综合实训平台 1 套。

【实验内容】

1. 软件界面介绍

1）打开软件，选择相应的版本

双击 Demo3D 图标（图 16-1）进入软件，选择 Emulate3D Ultimate 版本，点击确认即可。

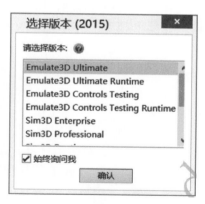

图 16-1 Demo3D

打开软件后的界面如图 16-2 所示。

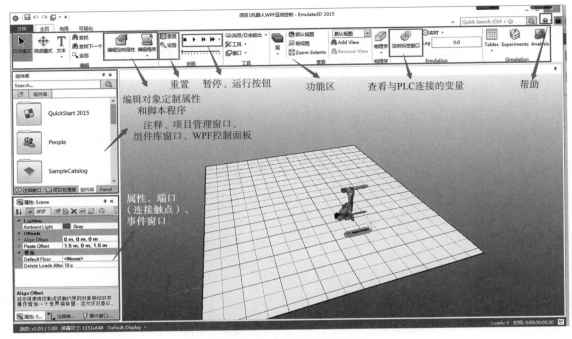

图 16-2　打开软件后的界面

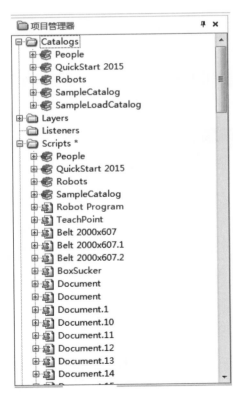

图 16-3　项目管理器

2) 注释窗口、项目管理器窗口、组件库窗口、WPF控制面板

（1）注释窗口，编写模型的相关介绍、注释说明和编辑链接查找模型等。

（2）项目管理器：显示组件库（Catalogs）、层（Layers）、监听（Listeners）、模型中对象代码（Scripts）和模型中所有对象（Visual）等。

在 Visuals 下 Scene Visual 可以找到模型中所有的对象，包括被隐藏的对象。项目管理器如图 16-3 所示。

（3）组件库窗口。软件有 5 个默认组件库，存放各种各样的模型。组件库如图 16-4 所示。

① 新建组件库：在"文件"菜单中选择组件库/New Catalog，在组件库窗口中新建名称为"新建"文件夹，选中该文件夹右击，弹出菜单选择"重命名"修改名称为"自定义 Load"。

② 把从外边导入的模型添加到自定义组件库中。

③ 选中模型—右击—Add To Catalog—选择组件库"自定义 Load"—在组件库里找到新添加的模

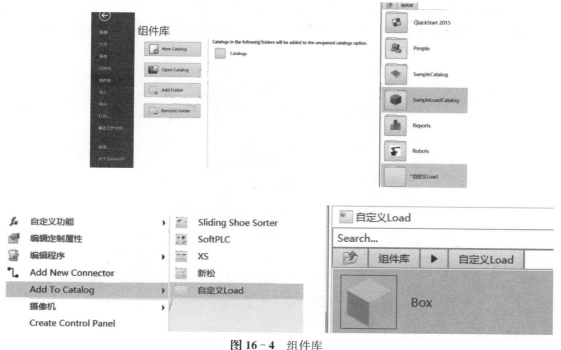

图 16-4 组件库

型—选中模型右击,选择 Save as ×××,完成模型添加保存。

④ 若无某个库,如 Robots 组件库,在"文件"菜单,打开 Catalogs/组件库,在 Demo3D 的安装目录下,打开 Catalogs 文件里的 Robots。自定义组件库的打开方法与上面相同(自定义组件的保存目录)。

(4) WPF 控制面板。用来显示模型运行过程中的数据、状态,以及通过相关的按钮操控模型对象完成相应的功能,如图 16-5 所示。

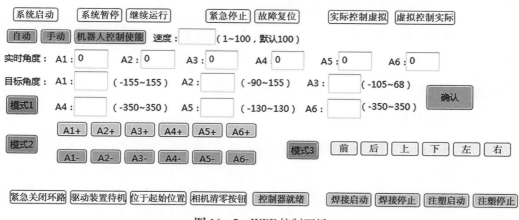

图 16-5 WPF 控制面板

3）属性、连接触点、事件窗口

（1）属性窗口：显示、修改对象属性参数。名称、位置和尺寸等属性为每个对象共有的属性，其他属性根据各自具体类型不同而不同。图 16 - 6 所示为机器人 KR5 的基本属性。

图 16 - 6　机器人 KR5 属性窗口

属性窗口工具栏如图 16 - 7 所示。

图 16 - 7　属性窗口工具栏

① ：属性按照字母顺序排列。默认为按照分组排列 ，切换简易属性。默认为被选中状态（被选中时，该命令有背景颜色），属性窗口显示简易属性（即常用属性）。否则为高级属性。

② ：搜索属性的名称快速查找属性。

③ ：编辑定制属性，用户添加自定义属性。自定义属性分为手动自定义属性与代码定义属性。

④ ：把属性添加至"批量复制属性"窗口中，此命令不常用。

⑤ ：移除简易窗口的某个属性。

⑥ ：对选中的属性进行解释。

（2）连接触点窗口。端口或触点是指对象两端的 Start 与 End 或两侧的 Left、Right。端口用于定位，如输送机自动连接下一个输送机，是两个端口相连接；或者 AGV 通过寻找输送机的端口来决定货叉的取货、卸货与行走路径。用户也可以自定义端口。

（3）事件窗口。设备、传感器等满足定制条件或某个定制属性更新时触发某个事件，实现某个功能在指定的事件中编写代码。

4）功能区

功能区分为主页、布局和可视化，如图 16-8 所示。

图 16-8　功能区

（1）"主页"选项卡常用功能。

"编辑"组包括：①选择模式——在此模式下，创建、修改模型；②浏览模式——在此模式下，浏览模型；③自定义属性——在设备、对象模型上，创建用户自己定义的属性；④编辑程序——选中设备后，点击"编辑程序"，即打开 Script 编辑器，查看与编辑程序代码。

"动画"组（图 16-9）包括：①重置——重置到模型最初状态，每次修改模型或调整设备参数等，最好重置以后再点击运行；②运行——运行模型；③停止——停止运行中的模型；④下一步——模型按帧运行，每点击一次运行一帧（0.04 s）；⑤快进——加快模型运行速度，点击"倒三角"可选择倍数运行，点击"快进"后再点击"运行"或"停止"，方可"重置"。

"工具"组（图 16-10）包括：消息/日志输出——显示软件报错信息、编写程序报错信息、打印信息［print（）］等窗口；打开软件各种窗口，若属性窗口不小心关闭，可从这里打开。

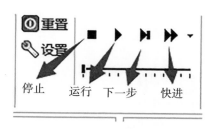

图 16-9　动画组

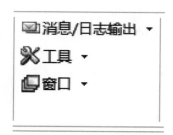

图 16-10　工具组

"视图"组（图 16-11）包括以下功能：

① 层：每个对象均有图层，图层可用来隐藏于显示模型中的对象。在属性 General 中 Layers 设置图层。对象的层默认为 As Parent（与父级相同），但是有些对象图层已被开发商定义。如图 16-12 中 Robot Program 属于 Controllers 图层，图中，去掉"层"Controllers 前钩号，Robot Program 被隐藏，否则显示 Robot Program。在 Layers 属性中用户可通过 New 自定义图层。

注：若对象的属性中无 General 属性请打开高级属性。

② 视图：默认视图、侧视图、俯视图可切换视角。

PLC 组可进行软件 PLC 设计、连接硬件 PLC 和查看相关变量。在"控制标签窗口"建立的 PLC 连接如图 16-12 所示。

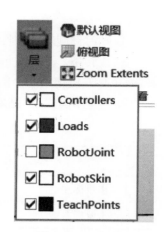

图 16-11　视图组

图 16 - 12 PLC 连接

（2）"布局"选项卡。

"组合"组（图 16 - 13）包括：①组合——选中两个对象及以上组合为一体；②拆分——将组合为一体的对象拆分。

"旋转"组包括以下功能：

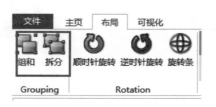

图 16 - 13 组合组

① 顺时针旋转、逆时针旋转。每点击命令则顺时针、逆时针旋转 90°某个对象。

② 旋转条。点击显示旋转条，再点击隐藏旋转条。三个垂直的圆分别表示 X、Y、Z 旋转面，鼠标左键拖动某个圆即可实现对象绕坐标轴旋转。

2. "选择模式下"基本键盘操作（表 16 - 1）

表 16 - 1 基本键盘操作

操　　作	功　　能
点击鼠标左键	选择对象
点击鼠标右键	弹出菜单

（续表）

操　作	功　能
滚动鼠标滚轮	缩放视图
按住鼠标滚轮	平移视图
按住鼠标左键＋滚动鼠标滚轮	旋转对象
按住鼠标右键/按住 Alt＋鼠标左键	旋转视图
按住 Ctrl＋鼠标左键	复制对象
按住 Shift＋鼠标左键	垂直方向平移对象
按住 X/Y/Z＋鼠标左键	X、Y、Z 方向平移对象

【注意事项】

由于计算机系统问题，软件出现卡顿现象，请耐心等待。

【思考题】

荷载、传感器、纯粹可视对象、导向板和载具等实体对象之间有何共同点以及不同点？

实验 17　机器人仿真软件上对象类型的使用

五类实体对象类型分别为荷载（Load）、传感器（Sensor）、纯粹可视对象（Visual）、导向板（Deflector）、载具（Vehicle）。在对象属性 Physics 下的 Body Type 可查看对象类型。以下就常用的对象类型（前三类）及属性进行介绍。

【实验目的】

熟悉并掌握对象类型使用的基本操作。

【实验仪器】

(1) 装有 Demo3D 2015 软件的电脑 1 台，并连接键盘、鼠标和网络。

(2) PLC 综合实训平台 1 套。

【实验内容】

1. 荷载

荷载（Load）有 LoadCreator 生成器生成，用户可以自定义 Load 对象。荷载具有物理属性，多个 Load 之间可以发生摩擦、碰撞等物理效果。荷载可由载具或输送机等输送。荷载可以封堵和清除来触发传感器（Sensor/PE）。荷载如图 17-1 所示。

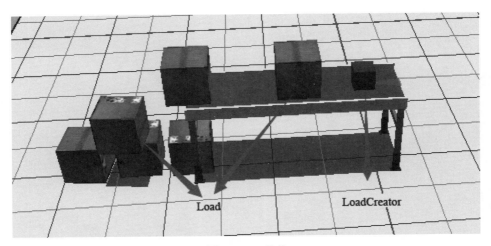

图 17-1　荷载

1) 自定义 Load

创建 Load 类型的 Box1：在"主页"选项卡下的"选择模式"，鼠标右击，弹出菜单，选择"新建—基本—立方体"，如图 17 - 2 所示。

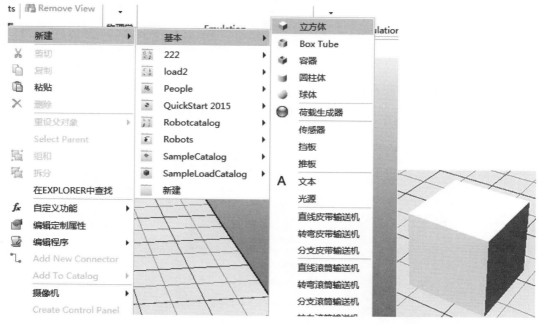

图 17 - 2　创建 Load

修改 Box1 属性：点击 Box1 属性窗口的简易属性图标 ![icon]，Box1 的属性窗口"测距"下，Depth 设置为 0.5、Height 设置为 0.5、Width 设置为 0.5；"Materials"下 Color 设置为 Lime（图 17 - 3）。

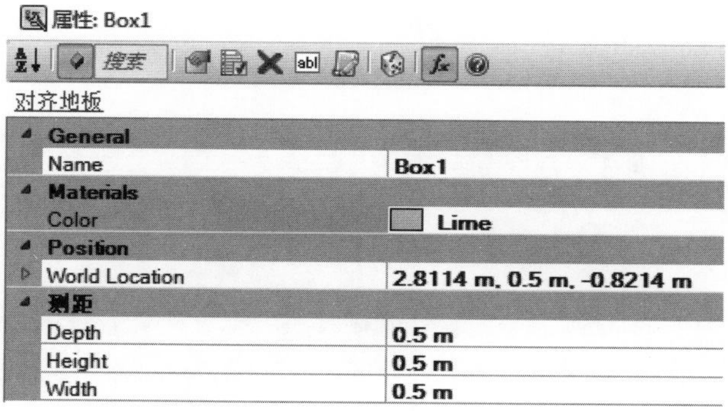

图 17 - 3　Box1

将 Box1 的高级属性"物理学"下将 Body Type 设置为 Load，如图 17 - 4 所示。

将 Box1 添加进自定义的库中：选择 Box1 右击弹出菜单，选择 Add To Catalog/自定义 Load，在组件库中选择 Box 右击重命名 CustomBox，保存该组件库（图 17 - 5）。

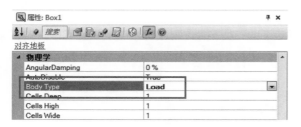

图 17 - 4 更改 Load

图 17 - 5 自定义 Load

将新添加到组件库中的 CustomBox 加载到 LoadCreator：在组件库 Sample Catalog/Belt Conveyor，拖动 Belt2000x607 至工作区，双击 LoadCreator 中 Visual 下 CustomBox，如图 17 - 6 所示。

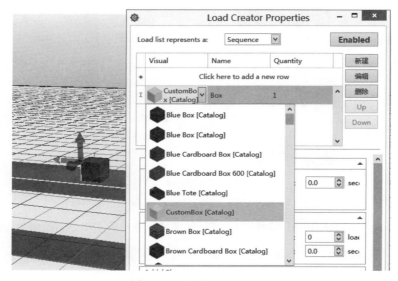

图 17 - 6 加载 CustomBox

点击"确认"，运行模型如图 17 - 7 所示。

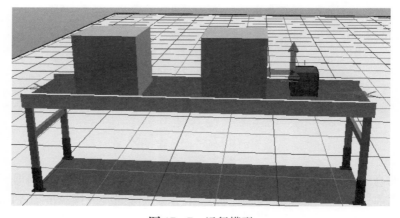

图 17 - 7 运行模型

荷载生成器窗口的相关参数如图 17 - 8 所示。

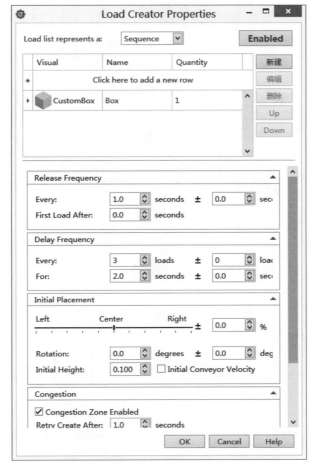

图 17 - 8　相关参数

2) Load list represents：选择 Sequence 或 Distribution

（1）连续表示：生成负载 Load 时按照列表中 Visual 的顺序和 Quantity 的数量产生 Loads。

（2）分散表示：生成 Load 是根据数量栏，按照概率分布产生 Load。

（3）Visual：来自于库中所有的 Load 类型，Load 的 Body Type＝Load。

（4）Name：每个负载 Type 创建时的名字。

（5）Quantity：数量。

（6）Release Frequence：产生频率。

（7）Every：每间隔 n s 产生一个 Load。

（8）First Load After：生成第一个 Load 前的延迟。

2. 传感器

Demo3D 软件中传感器（Sensor）在组件库 SampleCatalog＞Sensor 里，主要分为光眼（PE）形态和传感器形态。传感器可由荷载和载具触发，进而触发传感器中的事件，常用的事件有 OnBlocked 和 OnCleared 事件。事件是由用户根据自己的需求定义，可实现相应的逻辑，如图 17 - 9 所示。

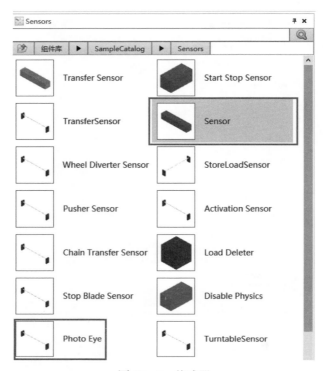

图 17 - 9 传感器

在 PE 的事件窗口中，选择 OnBlocked 事件，在出现的下拉窗口点击 New，如图 17 - 10 所示。

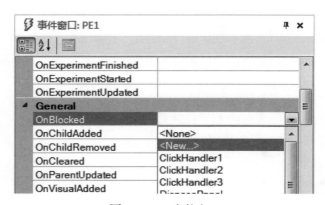

图 17 - 10 事件窗口

弹出以下提示窗口，选择 JScript，点击 Create & Edit，如图 17 - 11 所示。新建后编写程序如图 17 - 12 所示。

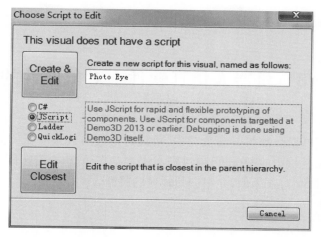

图 17 - 11 JScript 创建窗口

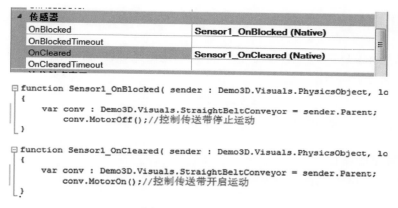

图 17 - 12 编写程序

3. 可视对象

Demo3D 中可视对象（Visual）的作用仅用来展示，不具备任何物理属性。用户导入 Demo3D 的实体对象，默认情况下都是可视对象类型，用户可通过编辑实体的属性 Body Type，重新定义它的类型。

【注意事项】

由于计算机系统问题，软件出现卡顿现象，请耐心等待。

【思考题】

新建一个球体 Load，并添加光眼传感器控制传送带的开启和停止。

实验 18　机器人仿真软件上对象属性的修改

Demo3D 中的实体对象属性是参数化的,可通过修改参数来改变实体对象的外观或逻辑等。参数属性可在属性栏中改变,也可通过脚本语言动态改变。类型不同的对象属性也不相同,以下以机器人 KR60 对象为例,介绍一些常见的属性。

【实验目的】

熟悉并掌握对象属性修改的基本操作。

【实验仪器】

(1) 装有 Demo3D 2015 软件的电脑 1 台,并连接键盘、鼠标和网络。
(2) PLC 综合实训平台 1 套。

【实验内容】

1. 对象常见的属性

简易属性如图 18-1 所示,高级属性如图 18-2 所示。

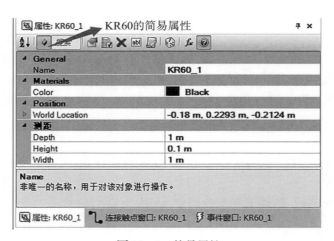

图 18-1　简易属性

General 下常见属性如图 18-3 所示。
(1) Children:设置对象的子级。
(2) Delete On Reset:点击重置时对象被删除(适用于 Load 类型对象)。

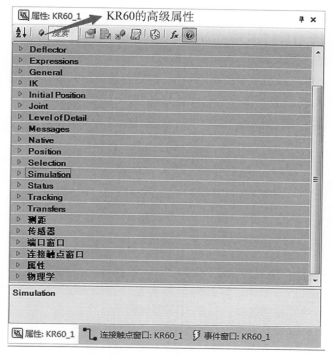

图 18 - 2　高级属性

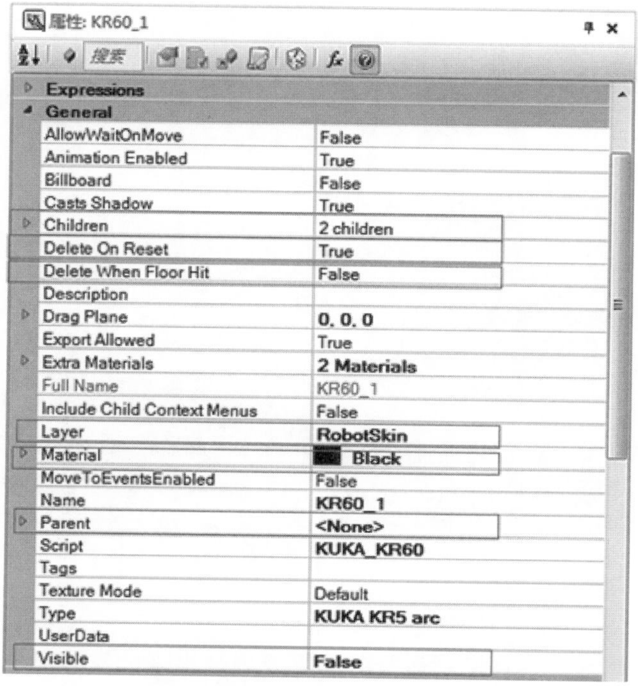

图 18 - 3　General 属性

（3）Delete When Floor Hit：对象掉落至地面时被删除（适用于 Load 类型对象）。

（4）Layers：对象所在的层。

（5）Material：改变对象材质、颜色。

（6）Parent：设置对象的父级。

（7）Visual：设置对象是否可见，为 True 时对象可见，为 False 时对象被隐藏。

2. 对象的父子级关系

Demo3D 父子对象关系：父动子动，子动与父动没有必然联系。对象的父子级关系如图
18-4 所示。

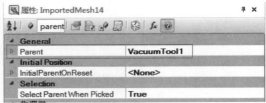

图 18-4　对象的父子级关系

父子级关系通过属性 Parent 设置。若设置对象父级时，当父级对象移动时，它的子级对
象也跟着移动，若父级对象被删除，子对象也同时被删除。

例如，当机器人 KR60 抓取负载 ImportedMesh14 时，负载 ImportedMesh14 的 Parent 变
为吸盘工具 VacuumTool1，如图 18-5 所示。

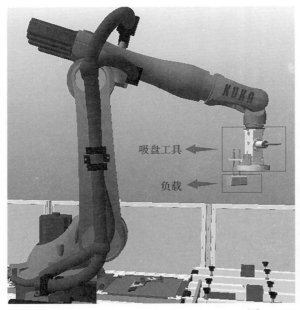

图 18-5　实例

3. 层

（1）层目的。①隐藏一些在模型运行时不需要展现出来的实体对象；②帮助建模人员对
实体对象结构层级的清晰处理，快速建模；③层级关系通过实体对象的属性 Layers 设置。层
级属性设置如图 18-6 所示。

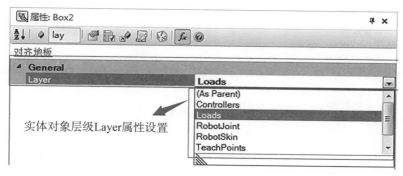

图 18 - 6　层级属性设置

（2）设置层级关系的方法：选中实体对象，设置属性 General ＞ Layers，若模型中包含用户想设置的层级名，在 General＞Layers 的下拉表中会显现出来，只需选中该层级即可。若下拉表不含用户所需的层级，则选择 New 一个层级，名称可自定义。设置好层级关系后，在工具栏的层级关系快捷键会显示出来。其中，打钩的表示已显示的层级，没打钩的表示未显示的层级。工具栏层级选择如图 18 - 7 所示。

4. 坐标体系（图 18 - 8）

（1）全局坐标。建模环境所处的坐标系，显示在属性 World Location 中，表示实体在建模环境中的位置信息。

（2）局部坐标。对象在父级坐标系下的位置，用于确定对象的相对父级位置。

图 18 - 7　工具栏层级选项

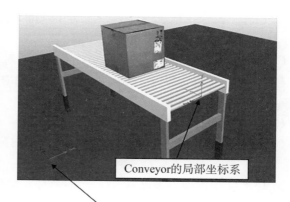

图 18 - 8　坐标体系

5. 物理特性(图 18 - 9)

物理学	
AngularDamping	0 %
AutoDisable	True
Body Type	**Load**
Cells Deep	1
Cells High	1
Cells Wide	1
Density	**8 kg/m3**
Fix To Parent	True
Friction Material	**Corrugated**
Gravity Enabled	True
Kinematic	False
LinearDamping	0 %
Mass	1 kg
Physics Enabled	True
Softness	0
Speed	0.5 m/s
UseParentBody	False

图 18 - 9　物理特性

(1) Body Type:对象类型。

(2) Physics Enable:是否开启物理特性(对 Load 类型对象尤为重要,为 True 时才具有摩擦、碰撞等物理效果)。

6. 选择(图 18 - 10)

Selection	
Control Points Allowed	
Control Points Disallowed	
Draggable	True
Select Parent When Picked	False
Selectable	True
Show Control Points	True

图 18 - 10　选择

(1) Dragable:拖动(True 对象可拖动,False 对象不可拖动)。

(2) Select Parent When Picked:选择该对象时选中的是它的父级(True 为选中它的父级,False 为此项功能关闭)。

(3) Selectable:选择(True 对象可以选择,False 对象不可选择)。

(4) Show Control Point:尺寸控制点,控制对象的尺寸(True 为显示控制点,False 为不显示)。

图 18 - 11 中圆圈内黑色点为控制点,鼠标左键按住控制点即可改变对象的尺寸。

7. 测距

属性测距为对象的几何尺寸,实体对象有长、宽、高等。当对象为组合对象时,不能改变整体对象,必须选中组合中单个对象改变尺寸。

选中组合对象中某个对象的方法:按住 Ctrl,鼠标移动到对象上右击,出现对象选项列表后,选择指定对象(图 18 - 12)。

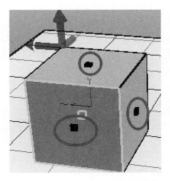

图 18 - 11　视图的选择

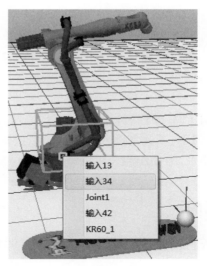

图 18 - 12　测距

【注意事项】

由于计算机系统问题,软件出现卡顿现象,请耐心等待。

【思考题】

如何通过硬件配置实现机器人平台和计算机的连接?

实验 19　机器人平台与 PLC 硬件的组合工作

通过对 PLC 硬件进行配置来实现机器人平台和计算机的连接。组态将所有 PLC 模块，包括电源、CPU、开关量输入/输出、模拟量输入/输出和通信模块等进行配置，并给每个模块分配物理地址，方便编程及根据需求使用。

【实验目的】

熟悉并掌握机器人平台与 PLC 硬件的组合工作。

【实验仪器】

(1) 装有 Demo3D 2015 软件的电脑 1 台，并连接键盘、鼠标和网络。

(2) PLC 综合实训平台 1 套。

【实验内容】

1. 机器人配置

机器人和外部进行通信主要通过 Profinet，首先给机器人控制系统进行安装一个 Profinet KRC-Nexxt V3.2.0，然后对其进行 IP 号设置，配置流程如下：

(1) 用一个 U 盘给机器拷贝一个 Profinet KRC-Nexxt(V3.2.0)软件，将 U 盘插入机器人控制柜门上的 USB 接口上，然后在"管理员"模式下"投入运行—辅助软件—新软件"对其进行选择然后安装。

(2) 进入电脑界面过程：按右下角 🔧 图标，进入主菜单"界面—配置—用户组—管理员"，弹出键盘界面，输入"KUKA—回车"，即可切换用户权限；再次按右下角 🔧 图标进入主菜单，进入投入"运行—售后服务—HMI"最小化，即可进入电脑界面。

(3) Profinet KRC-Nexxt 安装过程：将此安装包拷贝到 U 盘—插入 KR C4 面板的 USB 接口—进入电脑界面点击 ⊞ —computer—将 Profinet KRC-Nexxt 拷贝到 D/KUKA_OPT 文件夹下的常用安装包文件夹(注：此时新软件中显示机器人系统内存和外部存储内所有待装软件，此时只需选择需要安装的 Profinet KRC-Nexxt V3.2.0 软件，然后点击下面的安装)。

(4) 在"管理员"模式下对其 IP 号进行设置，原则是和进行通信的设备保持在同一个局域网内(注：机器人设置 IP 号后，需要重新启动，IP 地址才能生效)。

(5) 如果是外部控制器对机器人控制时，还要进行输入/输出的配置，具体配置需要借助于 PLC 和机器人控制相对应的符号表。

(6) 配置完机器人系统后，就开始对其对应的库卡机器人编程软件进行配置。

2. 库卡机器人软件配置

对机器人的 Profinet 软件的安装及 IP 号的设置后，在确保电脑和库卡机器人系统能够进行通信的前提下，对编程软件进行配置，配置步骤如下：

（1）打开 KUKA 的 WorkVisual 软件点击查找，直到出现图 19 - 1 所示的页面。

图 19 - 1　库卡机器人软件配置步骤 1

然后点击如图 19 - 2 所示的页面。

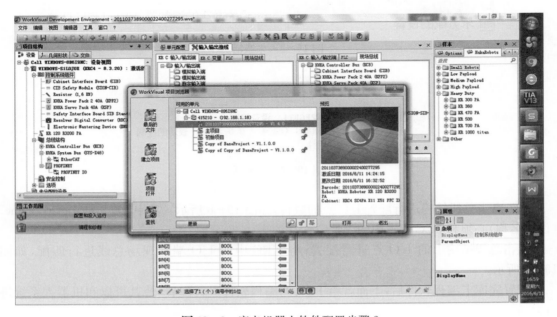

图 19 - 2　库卡机器人软件配置步骤 2

库卡机器人软件配置结果如图 19 - 3 所示。

图 19 - 3 库卡机器人软件配置结果

将控制器设置成激活状态,图 19 - 4 所示为未激活,激活后的情况为如图 19 - 5 所示。

图 19 - 4 未激活

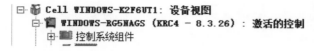

图 19 - 5 已激活

(2) 点击总线结构进行配置 I/O 点的数目,如图 19 - 6 所示。其中,图中的"**Device name**"(设备名称)必须和 PLC 配置中的一致。

点击总线结构中的 I/O 点进行配置,将 KRC 中的 I/O 端和现场总线进行匹配,如图 19 - 7 所示。

配置完库卡编程软件后,下面就给 PLC 的编程软件进行配置,使其可以和机器人系统进行通信。

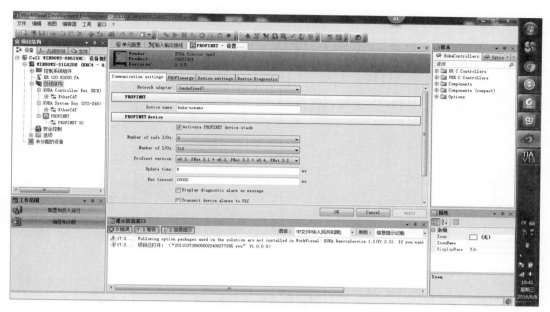

图 19 - 6　I/O 配置

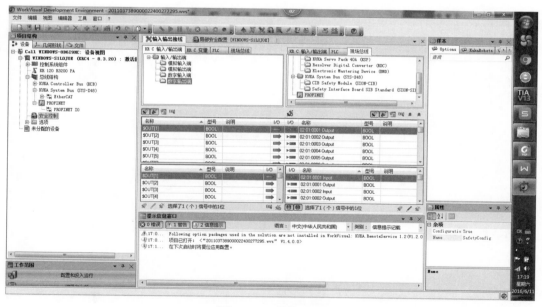

图 19 - 7　总线匹配

3. PLC 配置

（1）在设备和网络中添加其他现场设备 I/O 中的 KRC4 - Profinet_3.2，如图 19 - 8 所示。

（2）将添加的 KRC4 和 PLC 相连接，并对其进行配置。配置 IP 号已经配置 Profinet 端口名称，这里在前面已经提到必须和库卡 WorkVisual 中的设备名称一致，如图 19 - 9 所示。

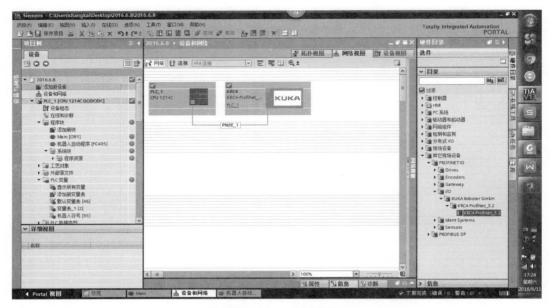

图 19 - 8　PLC 配置步骤 1

图 19 - 9　PLC 配置步骤 2

在设备概览中对已有的 I/O 点进行删除，然后添加与库卡 WorkVisual 中设置的 I/O 点数目一致的数字，并对起始字节进行设置，如图 19 - 10 所示。

图 19 - 10　PLC 配置步骤 3

【注意事项】

由于计算机系统问题，软件出现卡顿现象，请耐心等待。

【思考题】

不参照实验指导书，能否将机器人平台与 PLC 硬件组合成功？

实验 20　在机器人平台上实现模拟焊接

焊接机器人作为工业机器人应用的一个重要领域,对提高企业的工作效率、提升产品质量和降低企业的生产成本等方面都有着非常重要的意义。焊接机器人控制系统是焊接机器人的核心部分,它是机器人控制柜和主控制柜及夹具操作台之间通信的桥梁,它可控制伺服电机的启动、暂停和旋转速度等,进而控制夹具翻转;可控制机器人和夹具之间的联动,使焊接动作能够自动运行,并且能实现任意暂停再启动和紧急停止再启动功能。

【实验目的】

(1) 熟悉并掌握机器人的运动控制、运动轨迹规划。
(2) 了解 PTP/SPTP、LIN/SLIN、CIRC/SCIRC 等运动指令的区别并熟练使用。

【实验原理】

1. 机器人的运动方式

机器人在程序控制下的运动要求编制一个运动指令,有不同的运动方式供运动指令的编辑使用,通过制定的运动方式和运动指令,机器人才会知道如何进行运动,机器人的运动方式有以下几种:

(1) PTP:点到点运动,工具沿着最快的轨迹运行到目标点,如图 20-1 所示。
(2) LIN:线性运动,工具以设定的速度沿一条直线移动,如图 20-2 所示。

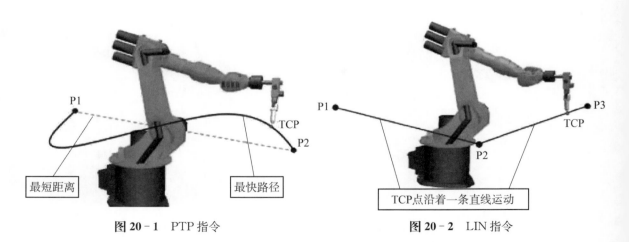

图 20-1　PTP 指令　　　　　　图 20-2　LIN 指令

(3) CIRC:圆周运动,工具以设定的速度沿圆周轨迹移动。

2. 机器人的运动方式指令区别(表 20 - 1)

表 20 - 1　指令区别

指　令	区　别
PTP 和 SPTP	SPTP 比 PTP 优化了运动算法,可以更快速、更高效率完成运动
LIN 和 SLIN	区别在于运动算法不同,SLIN 姿态变化速度快
CIRC 和 SCIRC	区别在于运动算法不同,SCIRC 更高效

【实验仪器】

(1) 装有 Demo3D 2015 及博图软件的电脑 1 台,并连接键盘、鼠标和网络。
(2) PLC 综合实训平台 1 套。

【实验内容】

1. 实验要求

接通电源、PLC 运行后,机器人从 Home 点开始,以案例程序的焊接终点为起点,案例程序的焊接起点为终点,机器人反方向完成弧焊任务,焊接完成后机器人返回 Home 点。

2. 程序编写

(1) 机器人接通电源,PLC 运行。
(2) 观看模拟焊接程序的控制流程和机器人的运动轨迹,对应理解模拟案例程序。
(3) 根据案例程序下机器人的轨迹运动流程,将模拟焊接运动细化分解成多段运动轨迹。
(4) 新建程序,根据分解的多段运动轨迹,对应的建立相应的运动指令。
(5) 示教对应的视觉点。
(6) 控制机器人的运行速度,手动运行程序,并不断优化。
操作流程图如图 20 - 3 所示。

图 20 - 3　操作流程图

【注意事项】

焊枪所走路线应覆盖工艺品接缝处。

【思考题】

（1）程序中如何加入安全应急措施，如强制暂停等？

（2）顺序控制来设计这个程序，有何优点？

实验 21　在机器人平台上实现智能搬运

搬运机器人是可以进行自动化搬运作业的工业机器人。最早的搬运机器人出现在 1960 年的美国，Versatran 和 Unimate 两种机器人首次用于搬运作业。搬运作业是指用一种设备握持工件从一个加工位置移到另一个加工位置。搬运机器人可安装不同的末端执行器以完成各种不同形状和状态的工件搬运工作，大大减轻了人类繁重的体力劳动。目前世界上使用的搬运机器人逾 10 万台，被广泛应用于机床上下料、冲压机自动化生产线、自动装配流水线、码垛搬运和集装箱等的自动搬运。部分发达国家已制定出人工搬运的最大限度，超过限度的必须由搬运机器人来完成。

【实验目的】

（1）熟悉并掌握机器人的运动控制、运动轨迹规划。
（2）了解 PTP/SPTP、LIN/SLIN、CIRC/SCIRC 等运动指令的区别，并熟练使用。
（3）熟练运用机器人逻辑指令、时间指令。
（4）理解并掌握搬运流程的控制思路。

【实验原理】

1. 机器人的运动指令

具体原理请参照实验 23。

2. 逻辑和时间指令

在逻辑编程时使用输入端和输出端，为了实现与库卡机器人控制系统的外围设备进行通信，可以使用数字式和模拟式输入端和输出端。对库卡机器人编程时，使用的是表示逻辑指令的输入端和输出端信号。

① IN——输入端；② OUT——输出端；③ TIMER——定时信号；④ FLAG 或 CYCFLAG——控制系统内部的存储地址。

（1）OUT：在程序中的某个位置上关闭输出端。

（2）WAIT FOR：与信号有关的等待功能，控制系统在此等待信号。

（3）WAIT：与时间相关的等待功能，控制器根据输入的时间在程序中的该位置上等待。

（4）逻辑连接：在应用与信号相关的等待功能时也会用到逻辑连接。用逻辑连接可将对不同信号或状态的查询组合起来，如可定义相关性或排除特定的状态。一个具有逻辑运算符的函数始终以一个真值为结果，即 * 后始终给出"真"或"假"。

逻辑连接的运算符如下：

① NOT -该运算符用于否定，即使值逆反（由"真"变为"假"）。

② AND -当连接的两个表达式为真时，该表达式的结果为真。

③ OR -当连接的两个表达式中至少一个为真时，该表达式的结果为真。

④ EXOR：当由该运算符连接的命题有不同的真值时，该表达式的结果为真。

【实验仪器】

（1）库卡机器人 1 套。
（2）负载工具吸盘。
（3）输送线 2 条。
（4）搬运物块。
（5）气泵。
（6）负载工具吸盘。

【实验内容】

1. 实验要求

将设备接通电源和气源，PLC 运行，启动平台。在示教器上选择 banyun1_2 或 banyun2_1 程序，将挡位调至手动挡，按住使能键，并按住运行键，手动运行。机器人从 Home 点开始运动，然后停在等待位等待输送线出口物料到位信号，信号触发后机器人运动到物块正上方，打开吸盘并直线下降吸取物块，吸取物块后直线上升并运动到另一输送线的入口正上方，等待输送线入口物料为空的信号，信号触发后机器人直线下降至入口，关闭吸盘释放物块，然后直线上升，流程结束，机器人返回 Home 点，2♯输送线将物块送至出口。具体要求如下：

（1）机器人上电，平台上电，打开气泵，启动平台。
（2）观看搬运程序的控制流程和机器人的运动轨迹，建立对应的控制流程图。
（3）根据流程图建立对应的动作指令，完成相应的流程动作。
（4）示教对应的视觉点。
（5）在对应的时间节点增加相应的逻辑控制语句，来控制吸盘吸取、释放物块。
（6）在对应的时间节点增加相应的延时指令，使得流程流畅安全。
（7）控制机器人的运行速度，手动运行程序，并不断优化。

2. 电气接口位置（图 21－1）及地址（表 21－1）

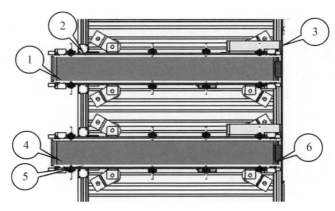

图 21－1　电气接口位置

表 21 - 1　I/O 分配表

序号	地址	名称	作用	信号特征
1	I1.0	光电对射	1#输送线入口有料检测	信号为1,有料
2	I1.1	光电对射	1#输送线步进有料检测	信号为1,有料
3	I1.2	光电对射	1#输送线出口有料检测	信号为1,有料
4	I1.3	光电对射	2#输送线入口有料检测	信号为1,有料
5	I1.4	光电对射	2#输送线步进有料检测	信号为1,有料
6	I1.5	光电对射	2#输送线出口有料检测	信号为1,有料
7	Q2.0	电磁阀	控制大吸盘的开关	信号为1,吸盘打开
8	Q2.1	电磁阀	控制小吸盘的开关	信号为1,吸盘打开
9	Q0.3	继电器	输送线1#运转	信号为1,皮带转动
10	Q0.4	继电器	输送线2#运转	信号为1,皮带转动

3. 机器人点表(表 21 - 2)

表 21 - 2　机器人点表

地　址	作　用
Q103.0	1#输送线入口工件在位
Q103.1	1#输送线出口工件在位
Q103.2	2#输送线入口工件在位
Q103.3	2#输送线出口工件在位
Q104.6	1#输送线
Q104.7	2#输送线
I115.0	控制大吸盘
I115.1	控制小吸盘
I116.6	搬运完成

4. PLC 控制流程图(图 21 - 2)

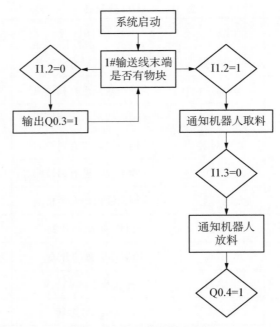

图 21 - 2 PLC 控制流程图

5. 机器人控制流程图(图 21 - 3)

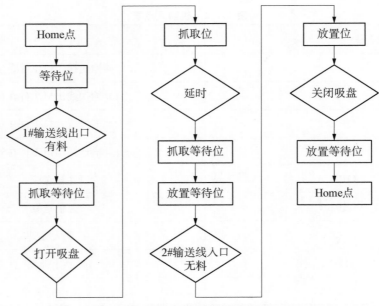

图 21 - 3 机器人控制流程图

【注意事项】

（1）指令使用正确，流程无逻辑冲突。
（2）物块放置稳定。

【思考题】

（1）程序中如何处理异常情况，如吸盘无法吸附物体等？
（2）顺序控制来设计这个程序有何优点？

实验 22　在机器人平台上实现模拟注塑

　　塑料是一种高分子合成材料,因其具有质量轻、密度小、强度高、绝缘性能好和耐磨性能好等优点,在农业、工业、航天及化工等领域广泛使用。注塑机是塑料生产加工的主要设备,目前,大多塑料制品都是通过注塑机加工而来。注塑机在加工生产塑料制品时,通常需要经过合模、注射、冷却、开模和取件等一系列固定的连续动作。根据注塑机生产工艺特点,可以采用专用的工业机器人替代人工的取件工作,不仅加快了塑料制品的生产效率,降低了生产成本,还可以有效遏制生产安全故障的发生。

【实验目的】

　　(1) 了解机器人坐标系的概念和运用。
　　(2) 了解机器人不同坐标系的区别及使用范围。
　　(3) 了解并熟悉机器人的编程语言及注塑程序的算法。
　　(4) 掌握注塑流程的控制思路。

【实验原理】

机器人坐标系

　　在工业机器人定义中有四类坐标系:轴坐标系、世界坐标系、工具坐标系、基座坐标系。
　　(1) 轴坐标系:机器人每个轴均可以独立的正向或反向移动,如图 22 - 1 所示。
　　(2) 世界坐标系:世界坐标系是一个固定的直角坐标系,默认世界坐标系位于机器人底部,如图 22 - 2 所示。

图 22 - 1　轴坐标系

图 22 - 2　世界坐标系

（3）工具坐标系：工具坐标系是一个直接坐标系，原点位于工具上，如图 22 - 3 所示。

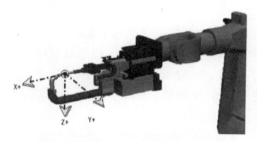

图 22 - 3　工具坐标系

（4）基座坐标系：以目标工件平台为基准的直角坐标系，如图 22 - 4 所示。

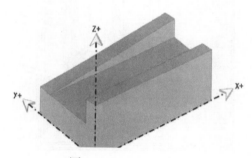

图 22 - 4　基座坐标系

【实验仪器】

（1）库卡机器人 1 套。
（2）负载工具吸盘。
（3）输送线 2 条。
（4）注塑台。
（5）气泵。
（6）注塑物块若干。

【实验内容】

1. 实验要求

设备接通电源气源，运行 PLC，启动平台。在示教器上选择 zhusu_maduo 程序，将挡位调至手动挡，按住使能键，并按住运行键，手动运行。机器人从 Home 点开始运动，停在等待位等待抓取工位注塑块到位信号；供料仓位有料，气动执行机构将注塑块推送到抓取工位；机器人循环执行注塑流程 9 次后，流程结束后机器人返回 Home 点。具体要求如下：

（1）机器人上电，平台上电，打开气泵，启动平台。

（2）观看注塑程序的控制流程和机器人的运动轨迹，建立对应的控制流程图。

（3）新建一个基座坐标。

（4）根据控制流程图，并在新的基座坐标基础上重新示教相应的视觉点。

（5）理解并尝试修改注塑程序中注塑块放置的位置及顺序。

（6）控制机器人的运行速度，手动运行程序，并不断优化。

2. 电气接口位置（图 22 - 5）及地址（表 22 - 1）

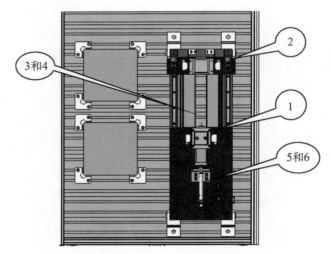

图 22 - 5　电气接口位置

表 22 - 1　I/O 分配表

序号	地址	名称	作用	信号特征
1	I2.0	磁性开关	平台气缸伸出到位	信号为 1，气缸伸出到位
2	I2.1	磁性开关	平台气缸缩回到位	信号为 1，气缸缩回到位
3	I2.2	磁性开关	推料气缸伸出到位	信号为 1，气缸伸出到位
4	I2.3	磁性开关	推料气缸缩回到位	信号为 1，气缸缩回到位
5	I2.4	光纤对射	供料仓位有料检测	信号为 1，有料
6	I2.5	光纤对射	抓取工位有料检测	信号为 1，有料
7	Q2.0	电磁阀	控制大吸盘的开关	信号为 1，吸盘打开
8	Q2.1	电磁阀	控制小吸盘的开关	信号为 1，吸盘打开

3. 机器人点表(表 22 - 2)

表 22 - 2 机器人点表

地 址	作 用
Q103.4	抓取工位有料检测
Q103.5	平台气缸伸出到位
Q103.6	注塑黑色工件
Q103.7	注塑白色工件
I115.0	控制大吸盘
I115.1	控制小吸盘
I115.3	注塑工位抓取完成
I115.4	注塑码垛 1# 完成
I115.6	注塑码垛 2# 完成

4. PLC 控制流程图(图 22 - 6)

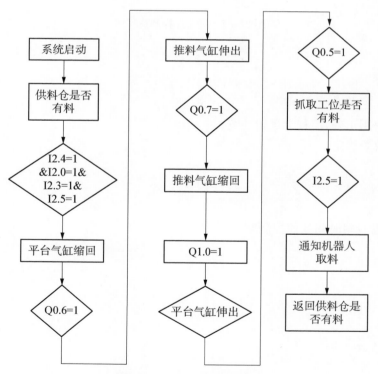

图 22 - 6 PLC 控制流程图

5. 机器人控制流程图(图 22 - 7)

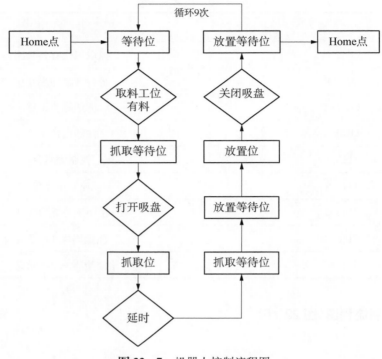

图 22 - 7 机器人控制流程图

【注意事项】

(1) 指令使用正确,流程无逻辑冲突。

(2) 吸盘放置稳定。

【思考题】

程序中吸盘吸附时间如何控制?

实验 23　在机器人平台上实现码垛流程

码垛机器人的应用指采用开发式计算机控制平台,配以不同抓手实现在不同行业各种形状的成品进行装箱和码垛功能的机器人,其通信能力强,适用于化工、建材、饲料、食品、饮料、啤酒和自动化物流等行业。

【实验目的】

(1) 熟悉机器人的编程语言。
(2) 掌握码垛注塑程序的控制算法。
(3) 掌握机器人码垛的控制思路。

【实验原理】

本实验设计主要由机械、控制两大部分组成。其中,机械部分主要是各传动装置通过机构驱动执行装置实现设定的运动轨迹、完成预期的功能,控制部分主要由 PLC、交流接触器、低压断路器、检测传感器和电磁控制阀等组成。

【实验仪器】

(1) 库卡机器人 1 套。
(2) 负载工具吸盘。
(3) 输送线 2 条。
(4) 码垛台。
(5) 码垛物块若干。
(6) 气泵。

【实验内容】

1. 实验要求

设备接通电源和气源,运行 PLC,启动平台。在示教器上选择 shusong_maduo 程序,将挡位调至手动挡,按住使能键,并按住运行键,手动运行。机器人从 Home 点开始运动,运动至等待位等待输送线出口物料到位信号;信号触发后机器人执行码垛流程(机器人运动至抓取等待位,打开吸盘,运动至抓取位,延时一段时间后直线运动到抓取等待位,运动至偏移等待位,直线运动至放置位,关闭吸盘并返回抓取等待位),循环一定次数后流程结束;机器人返回Home 点。具体要求如下:

（1）机器人上电，平台上电，打开气泵，启动平台。

（2）选择对应的输送线和码垛台，观看码垛程序的控制流程和机器人的运动轨迹，建立对应的控制流程图。

（3）根据控制流程图，编写新的码垛程序。

（4）示教对应的视觉点。

（5）控制机器人的运行速度，手动运行程序，并不断优化。

2. 电气接口位置(图 23-1)及地址(表 23-1)

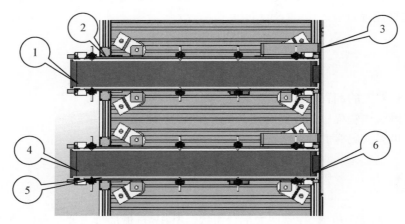

图 23-1 电气接口位置

表 23-1 I/O 分配表

序号	地址	名称	作用	信号特征
1	I1.0	光电对射	1#输送线入口有料检测	信号为1,有料
2	I1.1	光电对射	1#输送线步进有料检测	信号为1,有料
3	I1.2	光电对射	1#输送线出口有料检测	信号为1,有料
4	I1.3	光电对射	2#输送线入口有料检测	信号为1,有料
5	I1.4	光电对射	2#输送线步进有料检测	信号为1,有料
6	I1.5	光电对射	2#输送线出口有料检测	信号为1,有料
7	Q2.0	电磁阀	控制大吸盘的开关	信号为1,吸盘打开
8	Q2.1	电磁阀	控制小吸盘的开关	信号为1,吸盘打开
9	Q0.3	继电器	1#输送线运转	信号为1,皮带转动
10	Q0.4	继电器	2#输送线运转	信号为1,皮带转动

3. 机器人点表(表 23 - 2)

表 23 - 2　机器人点表

地　址	作　用
Q103.0	1#输送线入口工件放置到位
Q103.1	1#输送线出口工件在位
Q103.2	2#输送线入口工件放置到位
Q103.3	2#输送线出口工件在位
Q104.6	1#输送线
Q104.7	2#输送线
Q105.0	选择垛 1
Q105.1	选择垛 2
I115.0	控制大吸盘
I115.1	控制小吸盘
I116.0	1#输送线码垛完成
I116.1	1#输送线拆垛完成
I116.2	2#输送线码垛完成
I116.3	2#输送线拆垛完成

4. PLC 控制流程图(图 23 - 2)

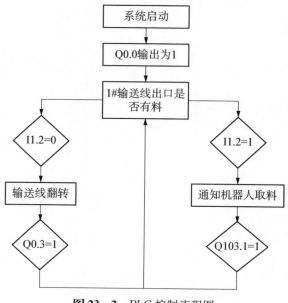

图 23 - 2　PLC 控制流程图

5. 机器人控制流程图(图 23 - 3)

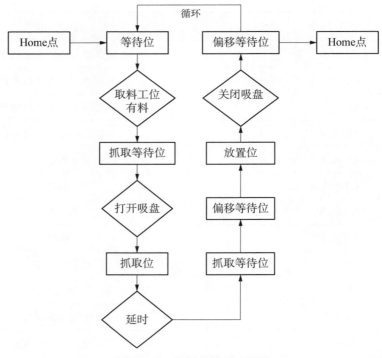

图 23 - 3 机器人控制流程图

【注意事项】

(1) 指令使用正确,流程无逻辑冲突。

(2) 物块放置稳定。

【思考题】

(1) 程序中吸盘吸附时间如何控制?

(2) 机器手臂循环次数,在程序中如何体现?

实验 24　在机器人平台上实现拼接七巧板

七巧板机器人主要通过视觉定位和搬运机械手等几部分,对七巧板(需要搬运的工件)进行拆分和组合。

【实验目的】

(1) 熟悉机器人的控制与编程。
(2) 了解视觉分析的概念、功能及实现机制。
(3) 掌握机器人七巧板拼图程序的控制思路。

【实验仪器】

(1) 库卡机器人 1 套。
(2) 负载工具吸盘。
(3) 负载工具相机。
(4) 七巧板 1 套。
(5) 电脑 1 台。
(6) 气泵。

【实验原理】

1. 机器视觉

机器视觉用计算机来模拟人的视觉功能,但并不仅仅是人眼的简单延伸,更重要的是具有人脑的一部分功能——从客观事物的图像中提取信息,进行处理并加以理解,最终用于实际检测、测量和控制。

2. 可实现功能

(1) 非接触测量,库卡机器人视觉系统作业对于观测者与被观测者都不会产生任何损伤,从而提高系统的可靠性,可以提高生产效率和产品质量。

(2) 具有较宽的光谱响应范围,如使用人眼看不见的红外测量,扩展了人眼的视觉范围,可以降低企业成本。

(3) 长时间稳定工作。人类难以长时间对同一对象进行观察,而机器视觉则可以长时间进行测量、分析和识别任务,而且库卡机器人视觉系统生产线容易安排生产计划,由于作业可重复性高,只要给定参数,就会永远按照指令去动作,因此安排生产计划非常明确。

(4) 库卡机械手视觉系统作业可缩短产品改型换代的周期,降低相应的设备投资。

（5）库卡机器人视觉系统可以把工人从各种恶劣、危险的环境中解救出来，拓宽企业的业务范围，提高产品质量，提升作业效率。

3. 实现机制

库卡机器人视觉系统主要由三部分组成：图像获取设备（光源、摄像机）、图像处理和分析设备（相关软件和硬件系统）、输出或显示设备（显示器、过程控制器和报警装置）。

【实验内容】

1. 实验要求

将设备接通电源和气源，运行 PLC。在示教器上选择 qiqiaoban_1to2 程序，将挡位调至手动挡，按住使能键，并按住运行键，手动运行。机器人从 Home 点开始，等待订单数据开始运动到达拍照位，执行拍照动作后等待相机识别，等待相机返回分析数据到位信号后执行拼图流程（机器人调整姿态角度到达抓取等待位，打开吸盘并直线下降一定高度抓取七巧板，抓取完成后直线上升到抓取等待位，然后运动至放置等待位并调整角度，直线下降一定高度并关闭吸盘，单次拼图完成后回到拍照点继续循环），拼图完成后机器人返回 Home 点。具体要求如下：

（1）机器人上电，平台上电，打开气泵，打开电脑上的视觉识别软件并建立通信。

（2）对照程序，观看、学习整个七巧板拼图的流程。

（3）理解算法和控制思路。

2. 电气接口位置及地址：无

3. 机器人点表（表 24－1）

表 24－1　机器人点表

地　　址	作　　用	地　　址	作　　用
Q106.0	订单解析完成后，通知机器人拍照	I115.0	控制左吸盘
Q106.1	拍照信息解析完成后，通知机器人取料	I115.1	控制右吸盘
Q106.2	通知机器人拼图完成	I117.4	到达零位后，通知电脑发送订单
		I117.5	到达拍照位后，通知相机拍照
		I117.6	机器人确定坐标信息
		I117.7	七巧板单次拼图完成
		I118.0	七巧板程序初始化
		I118.1	七巧板拆卸完成
		I118.2	七巧板拼图完成

4. PLC 控制流程图(图 24 - 1)

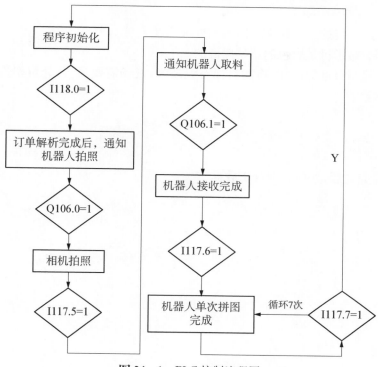

图 24 - 1 PLC 控制流程图

5. 机器人控制流程图(图 24 - 2)

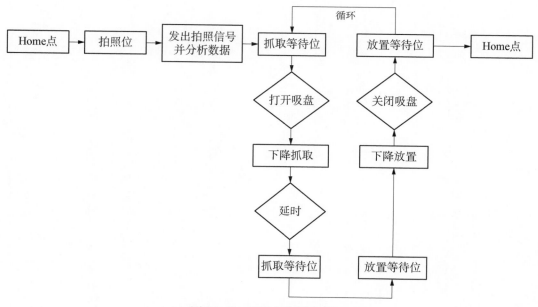

图 24 - 2 机器人控制流程图

【注意事项】

（1）需要考虑系统的运行速度和图像的处理速度。

（2）需要考虑摄影机是彩色的还是黑白的。

（3）考虑是检测目标的尺寸、检测目标有无缺陷、视场需要多大、分辨率需要多高和对比度需要多大等因素。

【思考题】

摄像头拍照完成后，如何处理分析数据？

程 序 附 录

附 1　按钮指示灯参考程序

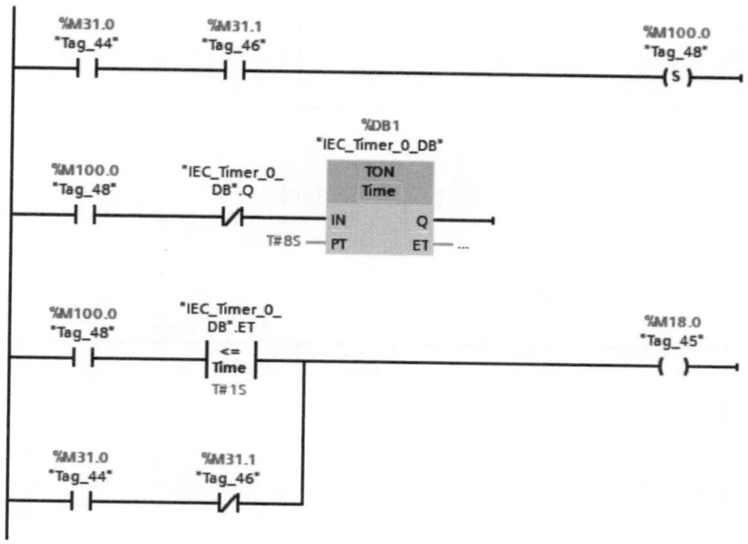

附图 1－1　启动代码

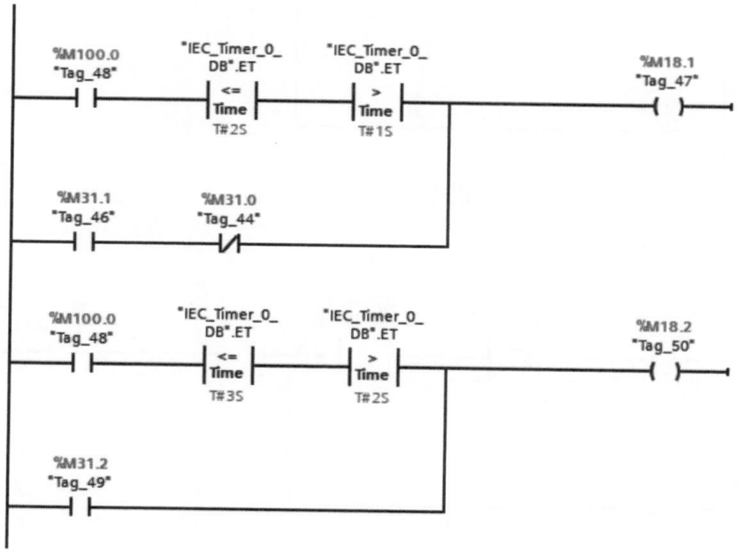

附图 1－2　定时代码

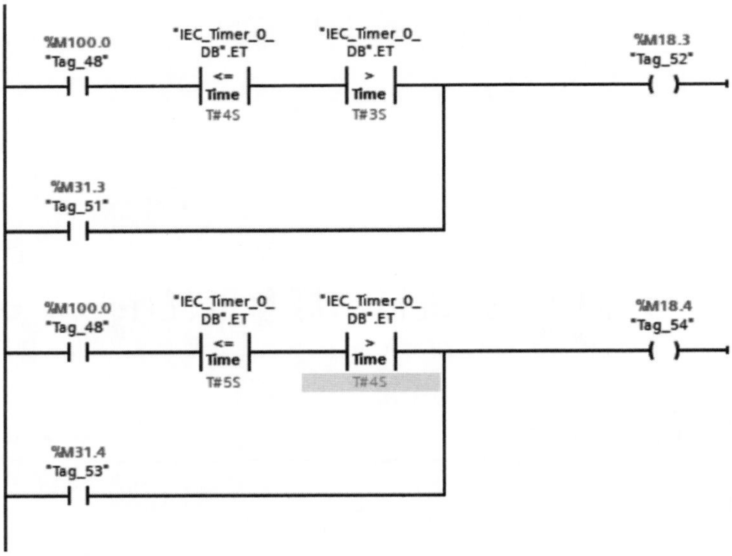

附图 1-3 定时代码

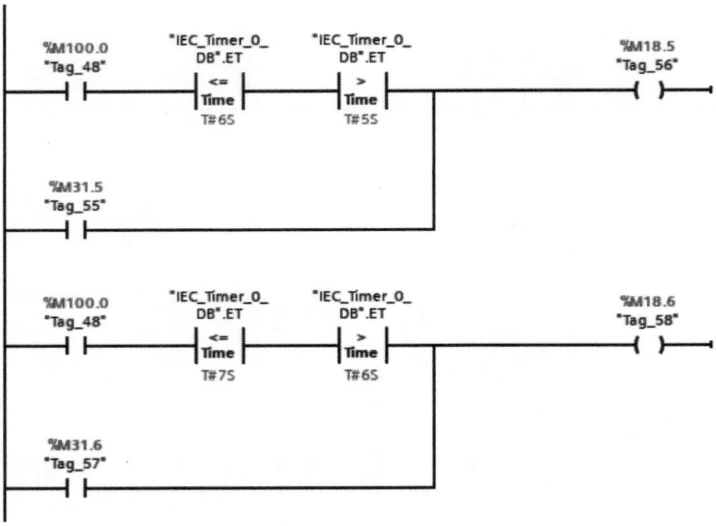

附图 1-4 定时代码

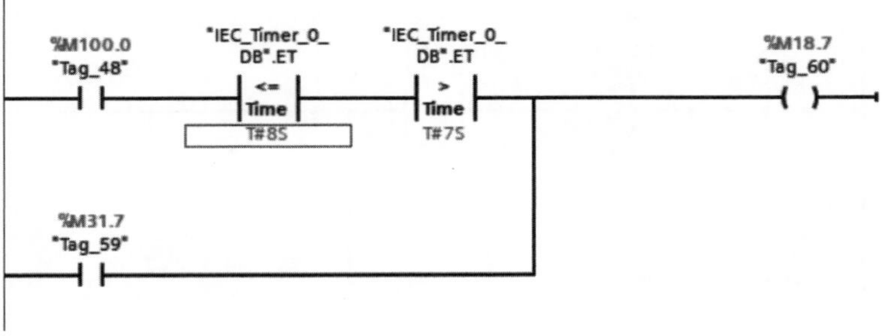

附图 1-5 循环代码

附2 交通灯模块参考程序

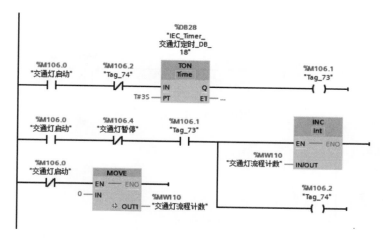

附图 2-1 启动代码

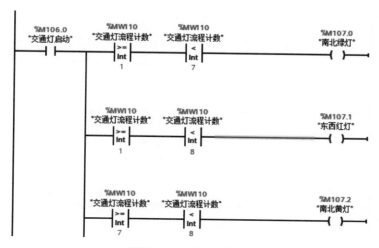

附图 2-2 主程序代码

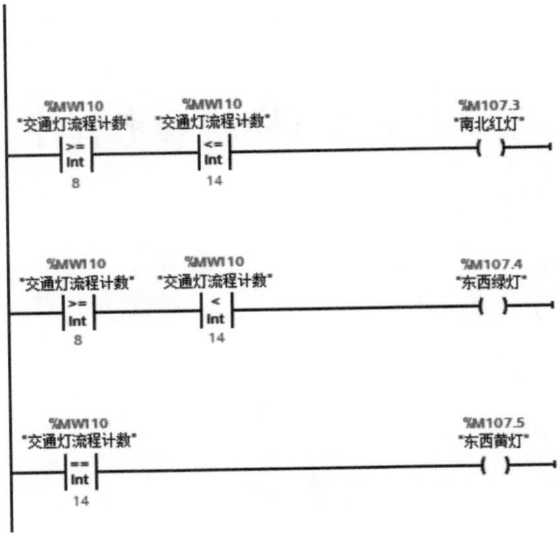

附图 2 - 3 主程序代码

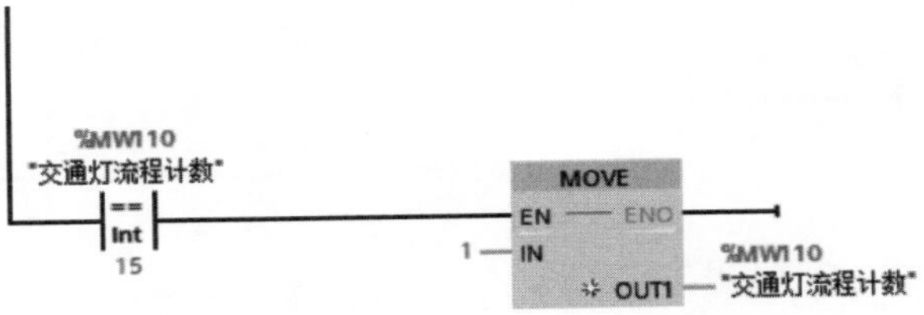

附图 2 - 4 主程序代码

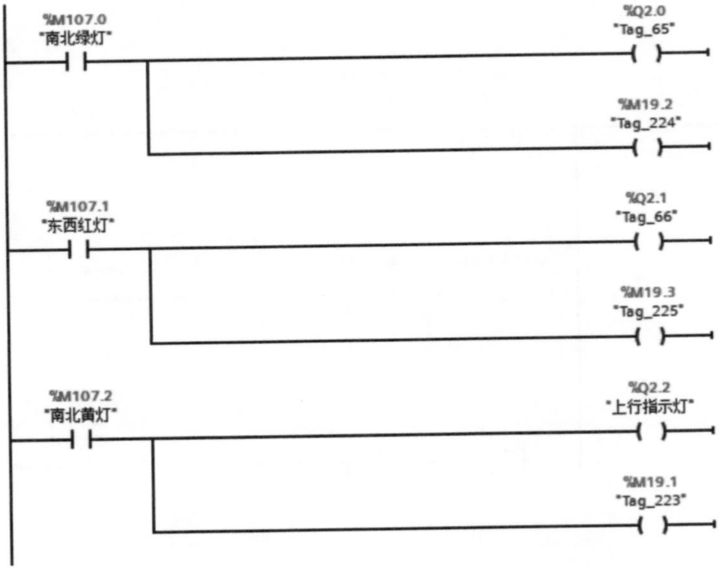

附图 2 - 5 主程序代码

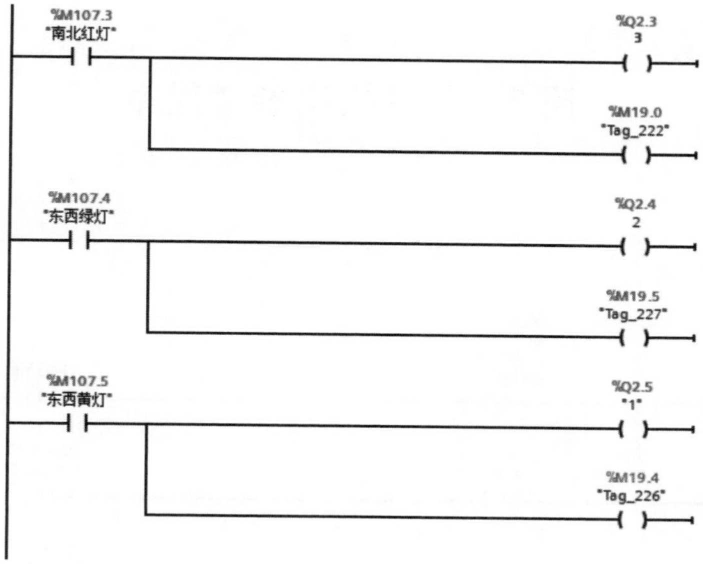

附图 2 - 6 循环代码

附3 气动模块参考程序

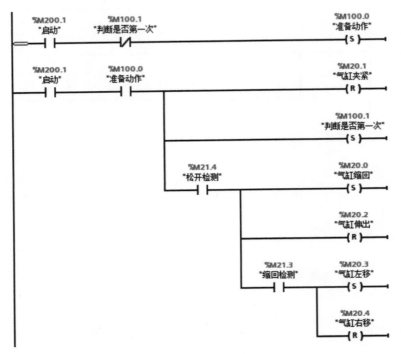

附图 3-1 启动代码

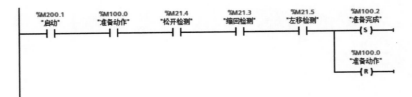

附图 3-2 主程序代码

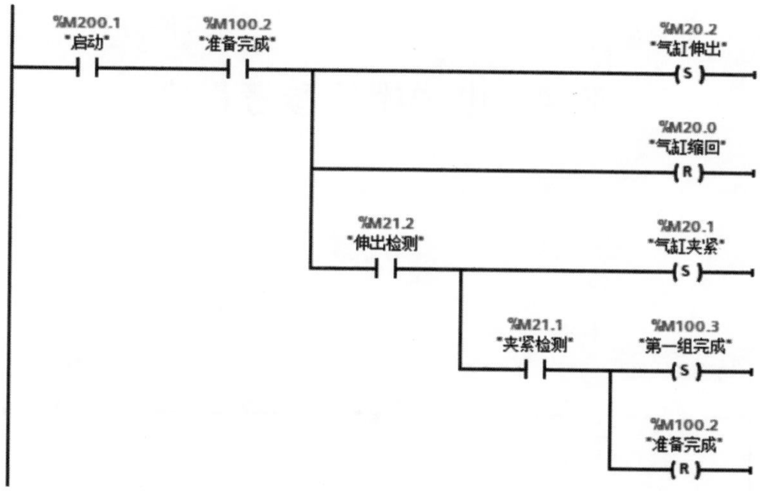

附图 3-3　主程序代码

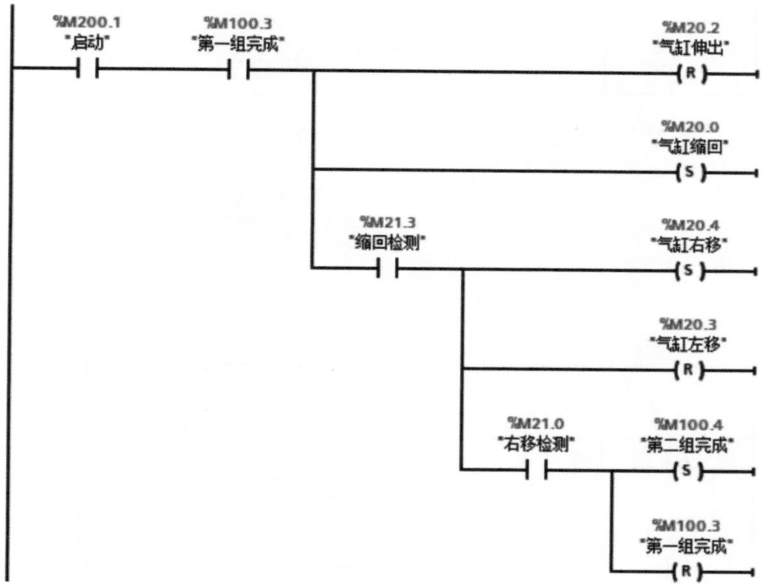

附图 3-4　循环代码

附4 电梯模块参考程序

附图 4-1 输入出发标志位程序段 1

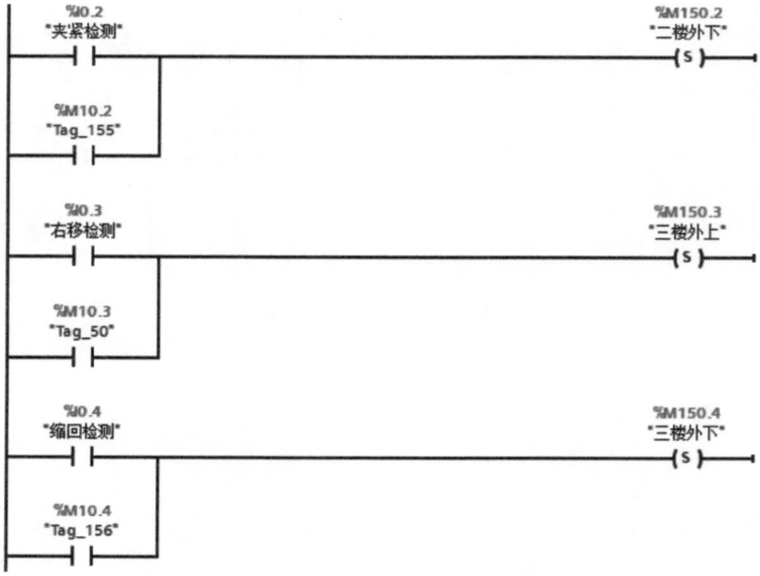

附图 4-2 输入出发标志位程序段 2

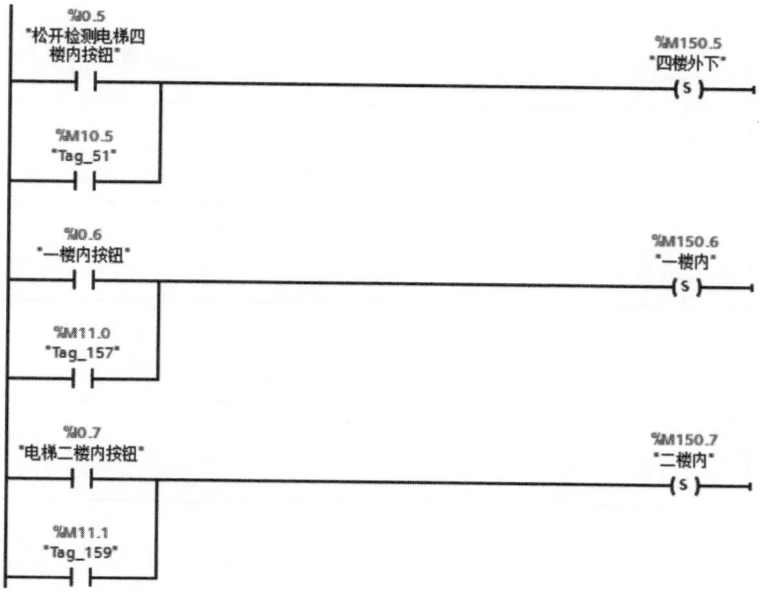

附图 4 - 3 输入出发标志位程序段 3

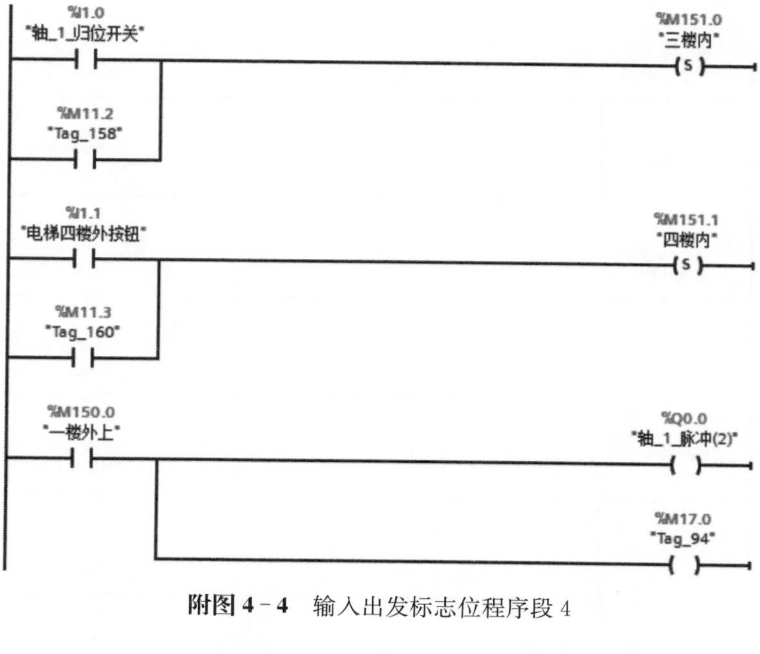

附图 4 - 4 输入出发标志位程序段 4

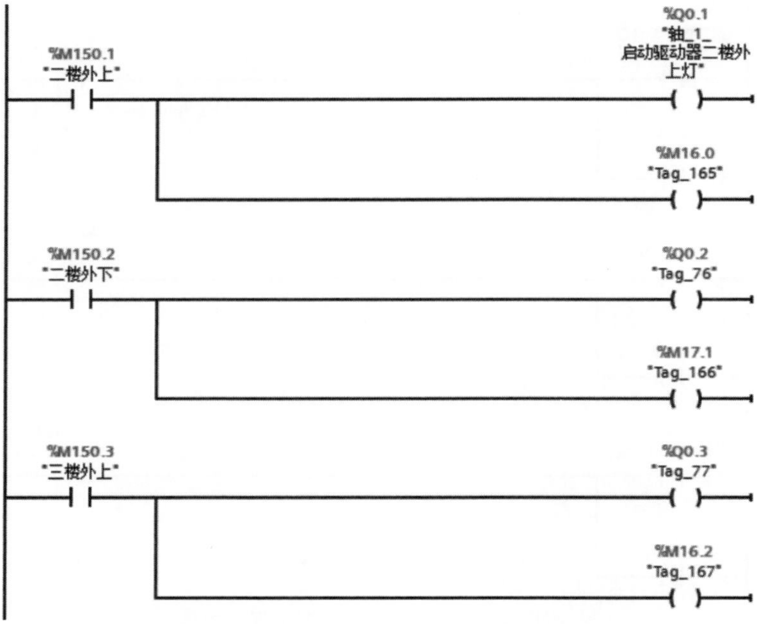

附图 4-5 输入出发标志位程序段 5

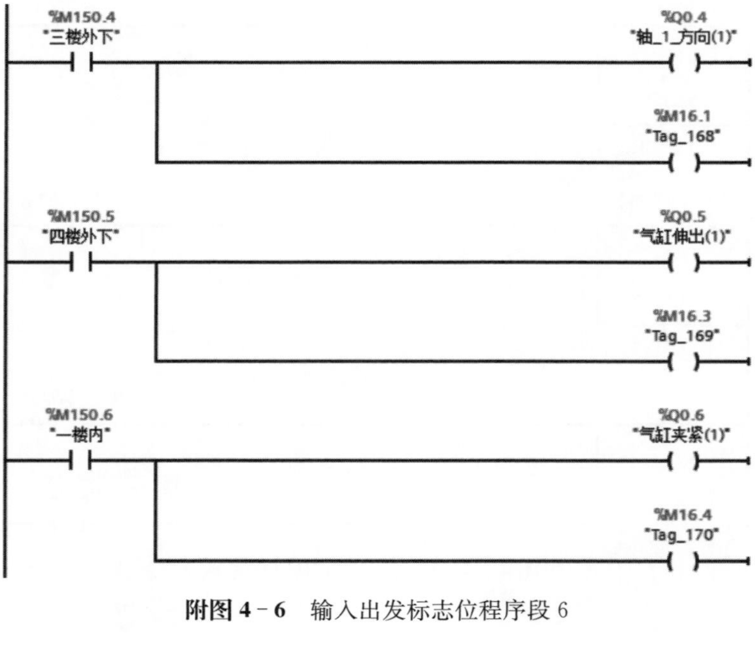

附图 4-6 输入出发标志位程序段 6

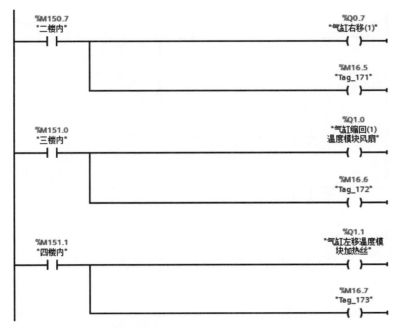

附图 **4 - 7**　输入出发标志位程序段 7

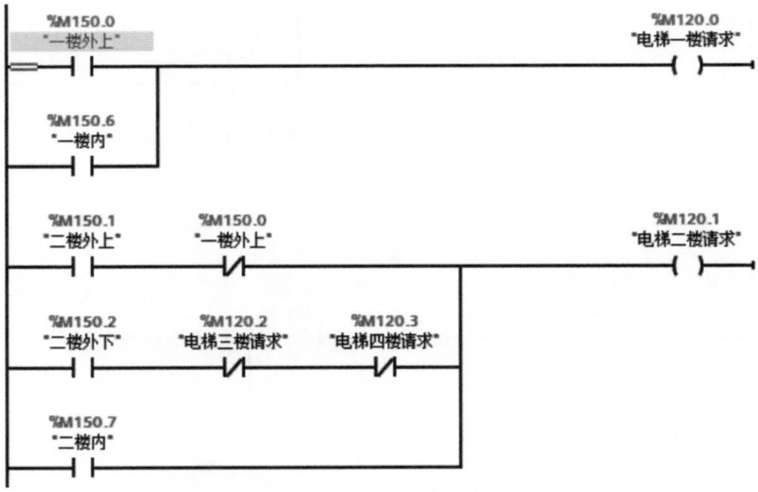

附图 **4 - 8**　电梯楼层请求程序段 1

附图 4‐9　电梯楼层请求程序段 2

附图 4‐10　电梯楼层复位请求触发程序段 1

附图 4‐11　电梯楼层复位请求触发程序段 2

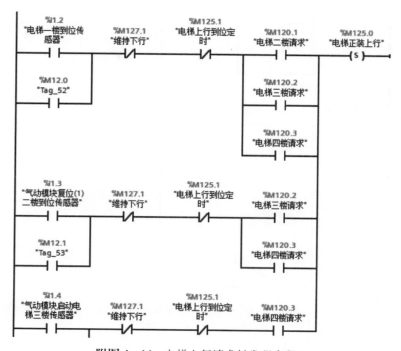

附图 4‑12　电梯楼层复位请求触发程序段 3

附图 4‑13　电梯楼层复位请求触发程序段 4

附图 4‑14　电梯上行请求触发程序段 1

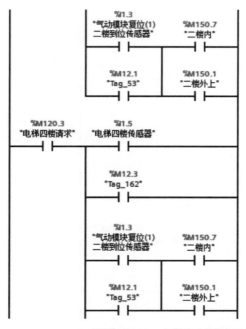

附图 4‑15 电梯上行请求触发程序段 2

附图 4‑16 电梯上行请求触发程序段 3

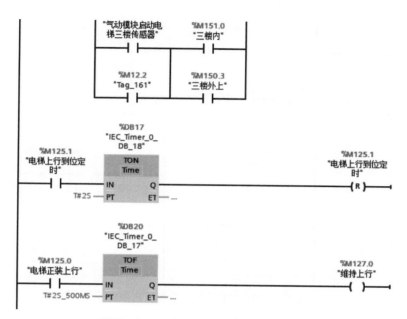

附图 4 - 17 电梯上行请求触发程序段 4

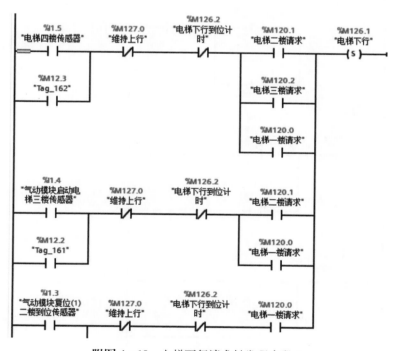

附图 4 - 18 电梯下行请求触发程序段 1

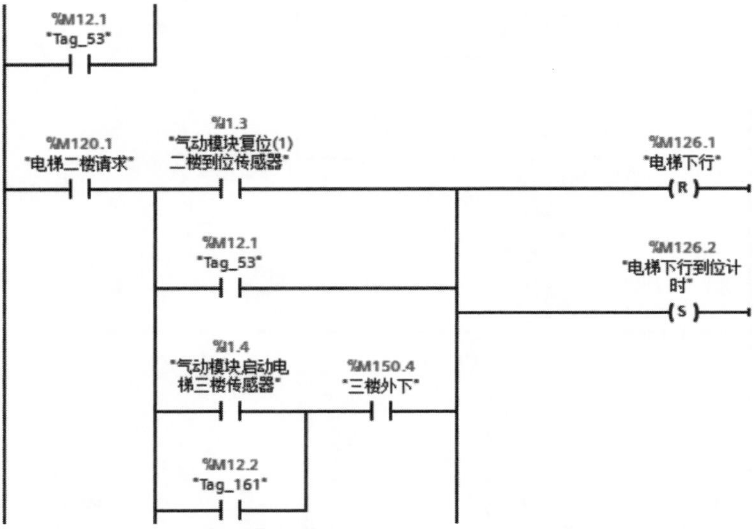

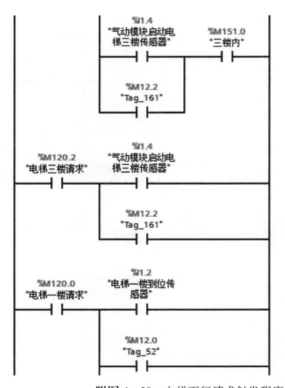

附图 4-19 电梯下行请求触发程序段 2

附图 4-20 电梯下行请求触发程序段 3

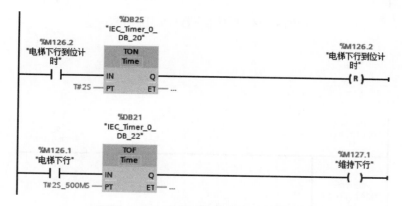

附图 4-21 电梯下行请求触发程序段 4

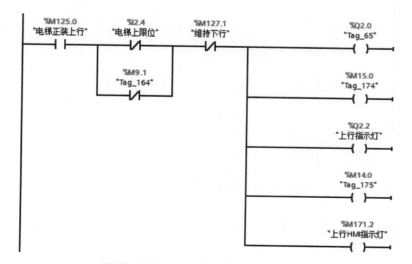

附图 4-22 电梯下行请求触发程序段 5

附图 4-23 电梯上下行指示灯程序段 1

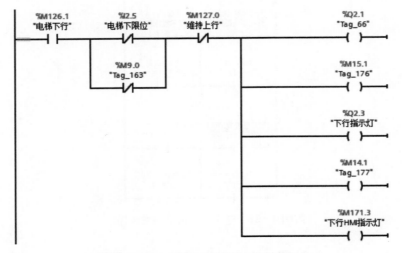

附图 4 - 24　电梯上下行指示灯程序段 2

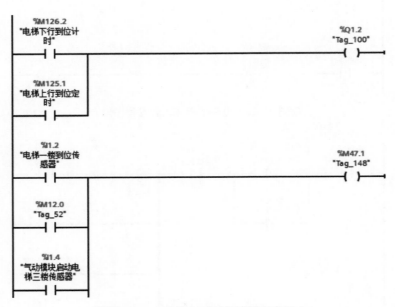

附图 4 - 25　电梯上下行传感器程序段 1

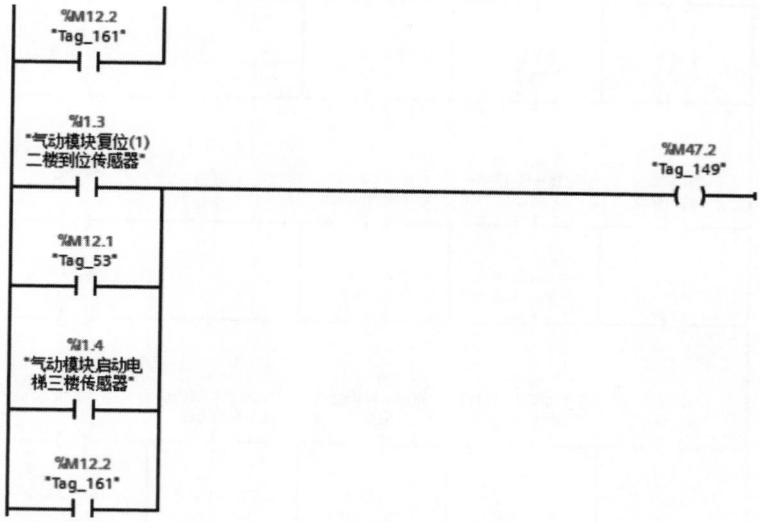

%M12.2
"Tag_161"

%I1.3
"气动模块复位(1)
二楼到位传感器"

%M47.2
"Tag_149"

%M12.1
"Tag_53"

%I1.4
"气动模块启动电
梯三楼传感器"

%M12.2
"Tag_161"

附图 4‑26 电梯上下行传感器程序段 2

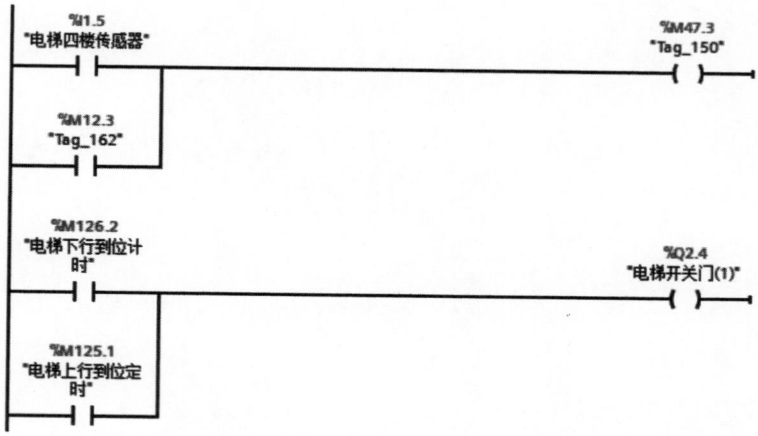

%I1.5
"电梯四楼传感器"

%M47.3
"Tag_150"

%M12.3
"Tag_162"

%M126.2
"电梯下行到位计
时"

%Q2.4
"电梯开关门(1)"

%M125.1
"电梯上行到位定
时"

附图 4‑27 电梯上下行传感器程序段 3

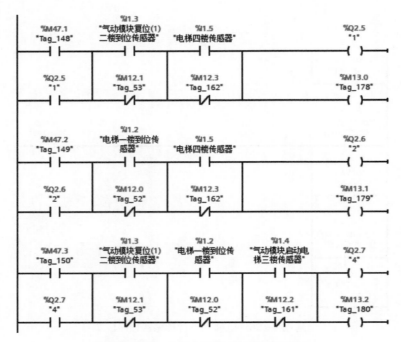

附图 4-28 电梯上下行传感器程序段 4

附5 温控模块参考程序

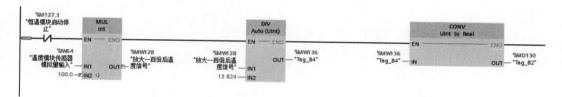

附图5-1 启动代码

附图5-2 主程序代码段1

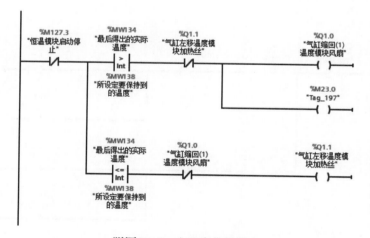

附图5-3 主程序代码段2

附6　变频器模块参考代码

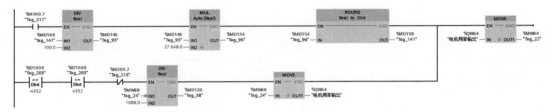

附图 6-1　启动代码段

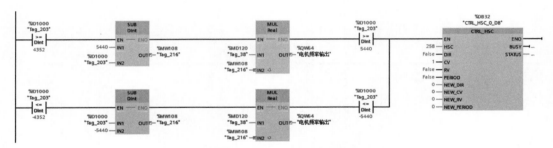

附图 6-2　主程序代码段

附图 6-3　循环代码段

附7 步进电机模块参考程序

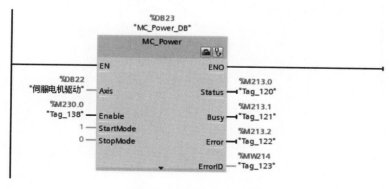

附图7-1 启动代码段

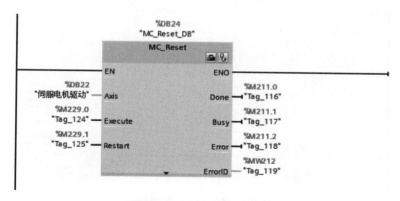

附图7-2 主程序代码段1

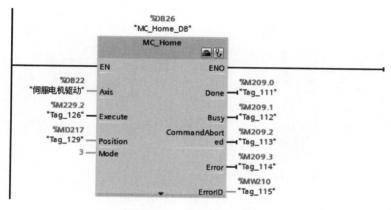

附图7-3 主程序代码段2

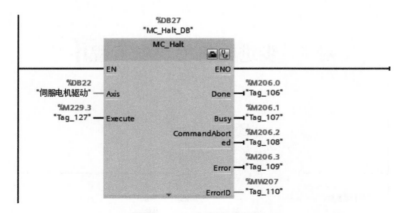

附图 7 - 4　主程序代码段 3

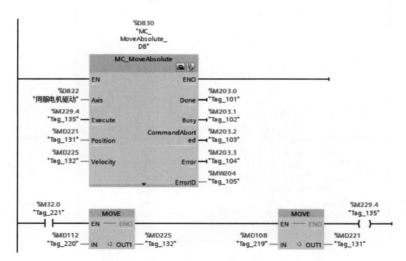

附图 7 - 5　主程序代码段 4

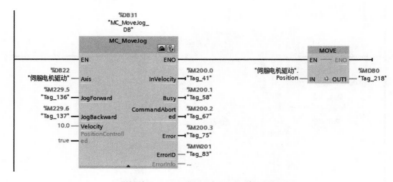

附图 7 - 6　主程序退出代码段

附8 机器人模拟焊接参考程序

```
&ACCESS RVO1
&REL 1
&PARAM DISKPATH = KRC:\R1\Program
DEF monihanjie( )
INI

PTP HOME  VEL= 100 % DEFAULT

SPTP MONIHANJIE_P1 VEL=100 % PDAT1 TOOL[1]:HANQIANG BASE[2]:HANQIAN BASE
SPTP MONIHANJIE_P2 VEL=100 % PDAT2 TOOL[1]:HANQIANG BASE[2]:HANQIAN BASE
SCIRC MONIHANJIE_P3 MONIHANJIE_P4 CONT VEL=0.2 M/S CPDAT1 TOOL[1]:HANQIANG BASE[2]:HANQIAN BASE
SCIRC MONIHANJIE_P5 MONIHANJIE_P6 CONT VEL=0.2 M/S CPDAT2 TOOL[1]:HANQIANG BASE[2]:HANQIAN BASE
SCIRC MONIHANJIE_P7 MONIHANJIE_P8 CONT VEL=0.2 M/S CPDAT3 TOOL[1]:HANQIANG BASE[2]:HANQIAN BASE
SCIRC MONIHANJIE_P9 MONIHANJIE_P10 CONT VEL=0.2 M/S CPDAT4 TOOL[1]:HANQIANG BASE[2]:HANQIAN BASE
SCIRC MONIHANJIE_P11 MONIHANJIE_P12 VEL=0.2 M/S CPDAT5 TOOL[1]:HANQIANG BASE[2]:HANQIAN BASE
SLIN MONIHANJIE_P13 VEL=0.2 M/S CPDAT6 TOOL[1]:HANQIANG BASE[2]:HANQIAN BASE
SLIN MONIHANJIE_P25 VEL=0.2 M/S CPDAT7 TOOL[1]:HANQIANG BASE[2]:HANQIAN BASE
SPTP MONIHANJIE_P1 VEL=100 % PDAT3 TOOL[1]:HANQIANG BASE[2]:HANQIAN BASE
PTP HOME  VEL= 100 % DEFAULT
PULSE 136 '' STATE=TRUE CONT TIME=2 SEC
END
```

附图 8 - 1 主程序代码

附9   机器人智能搬运参考程序

```
&ACCESS RVP1
&REL 2
&PARAM DISKPATH = KRC:\R1\Program
DEF banyun1_2( )
  INI
  PTP HOME  VEL= 100 % DEFAULT

  OUT 121 '' STATE=FALSE
  OUT 122 '' STATE=FALSE
  ;关闭大小吸盘
  WAIT FOR ( IN 26 '' )
  ;等待输送线物料到位信号
  WAIT TIME=1 SEC
  ;延时1 s
  SPTP WAIT P1 UP P9 VEL=100 % PDAT5 TOOL[2]:CHANGXIPAN BASE[1]:XIPAN BASE
  SLIN CLAM1 P2 VEL=0.2 M/S CPDAT1 TOOL[2]:CHANGXIPAN BASE[1]:XIPAN BASE
  OUT 121 '' STATE=TRUE
  OUT 122 '' STATE=TRUE
  ;打开大小吸盘
  WAIT TIME=1.5 SEC
  ;延时1.5 s
  SLIN CLAM1 UP P3 VEL=0.5 M/S CPDAT2 TOOL[2]:CHANGXIPAN BASE[1]:XIPAN BASE
  SPTP PUT1 GUODU P4 CONT VEL=100 % PDAT2 TOOL[2]:CHANGXIPAN BASE[1]:XIPAN BASE
  SPTP PUT1 WAIT P5 VEL=100 % PDAT3 TOOL[2]:CHANGXIPAN BASE[1]:XIPAN BASE
  WAIT FOR ( NOT IN 27 '' )
  ;放置位无物料
  WAIT TIME=1 SEC
  ;延时1 s
  SLIN PUT1 P6 VEL=0.5 M/S CPDAT3 TOOL[2]:CHANGXIPAN BASE[1]:XIPAN BASE
  OUT 121 '' STATE=FALSE
  OUT 122 '' STATE=FALSE
  ;关闭大小吸盘
  SLIN PUT1 UP P7 VEL=0.5 M/S CPDAT4 TOOL[2]:CHANGXIPAN BASE[1]:XIPAN BASE
  SPTP WAIT P1 UP P8 VEL=100 % PDAT4 TOOL[2]:CHANGXIPAN BASE[1]:XIPAN BASE

  PTP HOME  VEL= 100 % DEFAULT
  PULSE 135 '' STATE=TRUE CONT TIME=2 SEC
  END
```

附图 9-1   主程序代码

附 10　机器人模拟注塑参考程序

```
&ACCESS RVP
&REL 1
&PARAM DISKPATH = KRC:\R1\Program
DEF zhusu_maduo( )

  decl int P ;Black,43 mm
  decl int Q ;White,38 mm

  DECL int R1 ;垛1层,Z
  decl int S1 ;垛1列,X
  DECL int T1 ;垛1行,Y
  DECL int R2 ;垛2层,Z
  decl int S2 ;垛2列,X
  DECL int T2 ;垛2行,Y

  DECL int O1 ;垛1码垛总数
  DECL int O2 ;垛2码垛总数
  decl e6pos Zhus_duo1_pianyi;输送垛1偏移位置
  decl e6pos Zhus_duo1_pianyi_dengdai ;输送垛1偏移位置上方等待点
  decl e6pos Zhus_duo2_pianyi;输送垛2偏移位置
  decl e6pos Zhus_duo2_pianyi_dengdai ;输送垛2偏移位置上方等待点

INI

  P=50
  Q=45
  R1=0
  S1=0
  T1=0
  R2=0
  S2=0
  T2=0
  O1=0
  O2=0
```

附图 10 - 1　主程序代码段 1

```
$out[121]=false
$out[122]=false

PTP HOME  VEL= 100 % DEFAULT
P=50
Q=45
R1=0
S1=0
T1=0
R2=0
S2=0
T2=0
O1=0
O2=0

loop

SPTP MONIZHUSU P1 VEL=100 % PDAT1 TOOL[2]:CHANGXIPAN BASE[1]:XIPAN_BASE
OUT 122 '' STATE=FALSE
OUT 121 '' STATE=FALSE
SPTP ZHUSU DUO3PUT POINT VEL=100 % PDAT7 TOOL[2]:CHANGXIPAN BASE[1]:XIPAN BASE
SPTP MONIZHUSU2 P2 VEL=100 % PDAT3 TOOL[2]:CHANGXIPAN BASE[1]:XIPAN_BASE
WAIT FOR $IN[29]
SLIN MONIZHUSU P2 VEL=0.2 M/S CPDAT1 TOOL[2]:CHANGXIPAN BASE[1]:XIPAN_BASE
OUT 122 '' STATE=TRUE
WAIT TIME=0.5 SEC
SLIN MONIZHUSU P3 VEL=0.5 M/S CPDAT2 TOOL[2]:CHANGXIPAN BASE[1]:XIPAN_BASE
PULSE 124 '' STATE=TRUE CONT TIME=2 SEC

SPTP MONIZHUSU_P4 VEL=100 % PDAT2 TOOL[2]:CHANGXIPAN BASE[1]:XIPAN_BASE

WAIT FOR ($IN[31] OR $IN[32])
```

附图 10 - 2 主程序代码段 2

```
if $in[31] == true  then

SPTP ZHUSU DUO1PUT POINT VEL=100 % PDAT5 TOOL[2]:CHANGXIPAN BASE[1]:XIPAN_BASE
Zhus_duo1_pianyi_dengdai = Xzhusu_duo1put_point

Zhus_duo1_pianyi_dengdai.x = Zhus_duo1_pianyi_dengdai.x - S1*P
Zhus_duo1_pianyi_dengdai.Y = Zhus_duo1_pianyi_dengdai.Y - T1*P
Zhus_duo1_pianyi_dengdai.Z = Zhus_duo1_pianyi_dengdai.Z + (R1+4)*P

SPTP Zhus_duo1_pianyi_dengdai
WAIT TIME=0.5 SEC

$OV_PRO=50;全速的百分比
$VEL.cp=0.3;末端运行速度
$ACC.cp=3;运行加速度

Zhus_duo1_pianyi = Xzhusu_duo1put_point

Zhus_duo1_pianyi.x = Zhus_duo1_pianyi.x - S1*P
Zhus_duo1_pianyi.Y = Zhus_duo1_pianyi.Y - T1*P
Zhus_duo1_pianyi.Z = Zhus_duo1_pianyi.Z + R1*P

SLIN Zhus_duo1_pianyi

$out[121]=false
$out[122]=false

SLIN Zhus_duo1_pianyi_dengdai
```

附图 10 - 3 主程序代码段 3

```
   IF S1 >= 3 THEN
      T1 = T1 + 1
      S1 = 0
   ENDIF
   IF T1 >= 3 THEN
      R1 = R1 + 1
      S1 = 0
      T1 = 0
   ENDIF

   IF R1 >= 1 THEN
   PTP HOME   VEL= 100 % DEFAULT
   PULSE 125 '' STATE=TRUE CONT TIME=2 SEC
   exit
   ENDIF

   endif

   if $in[32] == true    then

   SPTP ZHUSU DUO2PUT POINT VEL=100 % PDAT6 TOOL[2]:CHANGXIPAN BASE[1]:XIPAN BASE
   Zhus_duo2_pianyi_dengdai = Xzhusu_duo2put_point

   Zhus_duo2_pianyi_dengdai.X = Zhus_duo2_pianyi_dengdai.X - S2*Q
   Zhus_duo2_pianyi_dengdai.Y = Zhus_duo2_pianyi_dengdai.Y - T2*Q
   Zhus_duo2_pianyi_dengdai.Z = Zhus_duo2_pianyi_dengdai.Z + (R2+2)*Q

   SPTP Zhus_duo2_pianyi_dengdai

   WAIT TIME=0.5 SEC

   $OV_PRO=50;全速的百分比
   $VEL.cp=0.3;末端运行速度
   $ACC.cp=3;运行加速度
```

附图 10-4 主程序代码段 4

```
   Zhus_duo2_pianyi = Xzhusu_duo2put_point

   Zhus_duo2_pianyi.x = Zhus_duo2_pianyi.x - S2*Q
   Zhus_duo2_pianyi.Y = Zhus_duo2_pianyi.Y - T2*Q
   Zhus_duo2_pianyi.Z = Zhus_duo2_pianyi.Z + R2*Q

   SLIN Zhus_duo2_pianyi

   $out[121]=false
   $out[122]=false
   SLIN Zhus_duo2_pianyi_dengdai

   S2 =S2 + 1
   IF S2 >= 3 THEN
      T2 = T2 + 1
      S2 = 0
   ENDIF
   IF T2 >= 3 THEN
      R2 = R2 + 1
      S2 = 0
      T2 = 0
   ENDIF

   SPTP MONIZHUSU2 P3 CONT VEL=100 % PDAT4 TOOL[2]:CHANGXIPAN BASE[1]:XIPAN BASE
   IF R2 >= 1 THEN
   PTP HOME   VEL= 100 % DEFAULT
   PULSE 127 '' STATE=TRUE CONT TIME=2 SEC
   exit
   ENDIF
   endif
   endloop

   END
```

附图 10-5 主程序代码段 5

附 11　机器人实现码垛流程参考实验程序

```
&ACCESS RVO1
&REL 1
&PARAM DISKPATH = KRC:\R1\Program
DEF shusong_maduo( )
DECL int cishu
decl int a1 ;工件1宽,40 mm,y
decl int b1 ;工件1高,40 mm,z
decl int c1 ;工件1长,75 mm,x

DECL int m1 ;垛1层,Z
decl int n1 ;垛1列,X
DECL int l1 ;垛1行,Y
DECL int m2 ;垛2层,Z
decl int n2 ;垛2列,X
DECL int l2 ;垛2行,Y

DECL int e1 ;垛1码垛总数
DECL int e2 ;垛2码垛总数
decl e6pos shus_duo1_pianyi;输送垛1偏移位置
decl e6pos shus_duo1_pianyi_dengdai ;输送垛1偏移位置上方等待点

decl e6pos shus_duo2_pianyi;输送垛2偏移位置
decl e6pos shus_duo2_pianyi_dengdai ;输送垛2偏移位置上方等待点

decl int CD_a1 ;工件1宽,40 mm,y
decl int CD_b1 ;工件1高,40 mm,Z
decl int CD_c1 ;工件1长,75 mm,x

DECL int CD_m1 ;垛1层,Z
decl int CD_n1 ;垛1列,X
DECL int CD_l1 ;垛1行,Y
DECL int CD_m2 ;垛2层,Z
decl int CD_n2 ;垛2列,X
DECL int CD_l2 ;垛2行,Y
```

附图 11-1　主程序代码段 1

```
DECL int CD_e1 ;垛1码垛总数
DECL int CD_e2 ;垛2码垛总数
decl e6pos CD_shus_duo1_pianyi;输送垛1偏移位置
decl e6pos CD_shus_duo1_pianyi_wait ;输送垛1偏移位置上方等待点

decl e6pos CD_shus_duo2_pianyi;输送垛2偏移位置
decl e6pos CD_shus_duo2_pianyi_wait ;输送垛2偏移位置上方等待点


INI
cishu=1
REPEAT
m1 = 0
n1 = 0
l1 = 0
m2 = 0
n2 = 0
l2 = 0
a1 = 45
b1 = 40
c1 = 80
e1 = 0
e2 = 0
```

附图 11‑2　主程序代码段 2

```
$out[122]=false
$OUT[200]=FALSE
$OUT[201]=FALSE
$out[123]=FALSE
CD_m1 = 0
CD_n1 = 0
CD_l1 = 0
CD_m2 = 0
CD_n2 = 0
CD_l2 = 0
CD_a1 = 45
CD_b1 = 40
CD_c1 = 80
CD_e1 = 0
CD_e2 = 0
$out[121]=false
$out[122]=false
$OUT[200]=FALSE
$OUT[201]=FALSE
```

附图 11‑3　主程序代码段 3

```
PTP HOME   VEL= 100 % DEFAULT

m1 = 0
n1 = 0
l1 = 0
m2 = 0
n2 = 0
l2 = 0
a1 = 45
b1 = 40
c1 = 80
e1 = 0
e2 = 0
$OUT[200]=FALSE
$OUT[201]=FALSE
loop
$out[123]=FALSE
;抓取输送线上工件

SPTP SHUSONG MADUODENGDAI VEL=100 % PDAT5 TOOL[2]:CHANGXIPAN BASE[1]:XIPAN_BASE

WAIT FOR (($IN[39] AND $IN[26]) OR ($IN[40] AND $IN[28]))
```

附图 11-4 主程序代码段 4

```
IF ($IN[39]==true) and ($OUT[201]==FALSE) THEN
WAIT FOR $IN[26] == TRUE
SPTP SHUSONG1 ZHUAQUDENGDAI CONT VEL=100 % PDAT1 TOOL[2]:CHANGXIPAN BASE[1]:XIPAN_BASE
;抓取等待位
SLIN SHUSONG1 ZHUAQUDIAN VEL=0.2 M/S CPDAT1 TOOL[2]:CHANGXIPAN BASE[1]:XIPAN_BASE
;抓取位

$out[200]=true
$out[121]=true
$out[122]=true

WAIT TIME=0.5 SEC

SPTP SHUSONG1 ZHUAQUDENGDAI CONT VEL=100 % PDAT4 TOOL[2]:CHANGXIPAN BASE[1]:XIPAN_BASE
;抓取等待位
SPTP SHUSONG MADUODENGDAI VEL=100 % PDAT7 TOOL[2]:CHANGXIPAN BASE[1]:XIPAN_BASE
;码垛等待位

ENDIF


;*****************************
;*    shu song dai 2 zhua qu        *
;*****************************

IF ($IN[40] == true)  and ($OUT[200]==FALSE) THEN
WAIT FOR $IN[28] == TRUE
SPTP SHUSONG2 ZHUAQUDENGDAI CONT VEL=100 % PDAT2 TOOL[2]:CHANGXIPAN BASE[1]:XIPAN_BASE
;抓取等待位
SLIN SHUSONG2 ZHUAQUDIAN VEL=1 M/S CPDAT2 TOOL[2]:CHANGXIPAN BASE[1]:XIPAN_BASE
;抓取位
```

附图 11-5 主程序代码段 5

```
SPTP SHUSONG2 ZHUAQUDENGDAI CONT VEL=100 % PDAT3 TOOL[2]:CHANGXIPAN BASE[1]:XIPAN BASE
;抓取等待位
SPTP SHUSONG MADUODENGDAI VEL=100 % PDAT8 TOOL[2]:CHANGXIPAN BASE[1]:XIPAN BASE
;码垛等待位

ENDIF

wait for ($in[41] or $in[42])

IF ($IN[41]) THEN
SPTP SHUS DUO1FANGZHI_WAIT VEL=100 % PDAT10 TOOL[2]:CHANGXIPAN BASE[1]:XIPAN BASE
;垛1放置等待位
SPTP SHUS DUO1PUT PIONT VEL=100 % PDAT11 TOOL[2]:CHANGXIPAN BASE[1]:XIPAN BASE
;垛1放置位（1号物块位置）

shus_duo1_pianyi_dengdai = Xshus_duo1put_piont    ;定义变量

shus_duo1_pianyi_dengdai.x = shus_duo1_pianyi_dengdai.x+c1*n1
shus_duo1_pianyi_dengdai.y = shus_duo1_pianyi_dengdai.y-a1*l1
shus_duo1_pianyi_dengdai.Z = shus_duo1_pianyi_dengdai.Z+b1*(m1+1)    ;赋值

sptp shus_duo1_pianyi_dengdai

$OV_PRO=50;全速的百分比
$VEL.cp=0.3;末端运行速度
$ACC.cp=3;运行加速度

shus_duo1_pianyi = Xshus_duo1put_piont    ;定义变量

shus_duo1_pianyi.x = shus_duo1_pianyi.x+c1*n1
shus_duo1_pianyi.y = shus_duo1_pianyi.y-a1*l1
shus_duo1_pianyi.Z = shus_duo1_pianyi.Z+b1*m1    ;赋值
```

附图 11 - 6　主程序代码段 6

```
slin shus_duo1_pianyi
;（垂直放置）xiugai
$out[121]=false
$out[122]=false

slin shus_duo1_pianyi_dengdai
;（垂直提起）

n1 = n1+1    ;x

if n1>=2 then
l1 = l1+1    ;y
n1 = 0
endif

if l1>=3 then
m1= m1+1    ;z
l1 = 0
n1 = 0
endif

e1 = 6*m1+n1+2*l1

$OUT[200]=FALSE
$OUT[201]=FALSE

endif

if e1 > 11 then
PTP HOME  VEL= 100 % DEFAULT

PULSE 129 '' STATE=TRUE CONT TIME=2 SEC
EXIT
endif
```

附图 11 - 7　主程序代码段 7

```
IF $IN[42] == TRUE THEN
SPTP SHUS_DUO2FANGZHI_WAIT VEL=100 % PDAT9 TOOL[2]:CHANGXIPAN BASE[1]:XIPAN_BASE

SPTP SHUS_DUO2PUT_PIONT VEL=100 % PDAT12 TOOL[2]:CHANGXIPAN BASE[1]:XIPAN_BASE

shus_duo2_pianyi_dengdai = Xshus_duo2put_piont
shus_duo2_pianyi_dengdai.x = shus_duo2_pianyi_dengdai.x+c1*n2
shus_duo2_pianyi_dengdai.y = shus_duo2_pianyi_dengdai.y-a1*l2
shus_duo2_pianyi_dengdai.Z = shus_duo2_pianyi_dengdai.Z+b1*(m2+1)

sptp shus_duo2_pianyi_dengdai

$OV_PRO=50;全速的百分比
$VEL.cp=0.3;末端运行速度
$ACC.cp=3;运行加速度
shus_duo2_pianyi = Xshus_duo2put_piont
shus_duo2_pianyi.x = shus_duo2_pianyi.x+c1*n2
shus_duo2_pianyi.y = shus_duo2_pianyi.y-a1*l2
shus_duo2_pianyi.Z = shus_duo2_pianyi.Z+b1*m2

slin shus_duo2_pianyi

$out[121]=false
$out[122]=false

slin shus_duo2_pianyi_dengdai

n2 = n2+1    ;x
```

附图 11-8 主程序代码段 8

```
if n2>=2 then
l2 = l2+1    ;y
n2 = 0
endif

if l2>=3 then
m2= m2+1    ;z
l2 = 0
n2 = 0
endif

e2 = 6*m2+n2+2*l2    ;码垛的物块个数

$OUT[200]=FALSE
$OUT[201]=FALSE
ENDIF


if e2 > 11 then    ;两层
PTP HOME VEL=100 % DEFAULT


PULSE 131 '' STATE=TRUE CONT TIME=2 SEC
EXIT
endif
endloop
```

附图 11-9 主程序退出代码段

附 12　机器人拼接七巧板参考程序

```
&ACCESS RVO1
&REL 87
&PARAM EDITMASK = *
&PARAM TEMPLATE = C:\KRC\Roboter\Template\vorgabe
DEF qiqiaoban_1to2( )

  FRAME Photo_Pos,Top_Pickup_Pos
  FRAME Top_Drop_Pos,Drop_Photo_Pos
  DECL int Pro_Num
  Decl int m1
  DECL int n1
  INI
  $vel.cp=3.0
  $acc.cp=5.0
  $ov_pro=25
  SPTP HOME   VEL= 100 % DEFAULT
  Pro_Num = 1
  OUT 146 '' STATE=FALSE

  LOOP
  m1 = 0
  n1= 0
  SWITCH Pro_Num
  ;xiamian wei quliao chengxu duan
  case 1
  SPTP HOME   VEL= 100 % DEFAULT
  OUT 121 '' STATE=FALSE
  OUT 122 '' STATE=FALSE
  OUT 141 '' STATE=FALSE
  OUT 142 '' STATE=FALSE
  OUT 143 '' STATE=FALSE
  OUT 144 '' STATE=FALSE
  OUT 145 '' STATE=FALSE
  OUT 145 '' STATE=TRUE
  WAIT TIME=1 SEC
```

附图 12-1　主程序代码段 1

```
WAIT TIME=1 SEC
OUT 145 '' STATE=FALSE
OUT 141 '' STATE=TRUE
WAIT FOR ( IN 49 '' )
OUT 141 '' STATE=FALSE

LOOP
PULSE 145 '' STATE=TRUE  TIME=1 SEC
if (m1<7) then
$base=BASE_DATA[3]
$tool=TOOL_DATA[2]
Photo_Pos=$NULLFRAME
Photo_Pos={X 293.17 ,Y 242.86,Z 499.64,A 91.65,B 1.31,C -179.52}
SPTP Photo_Pos
WAIT TIME=1 SEC
OUT 142 '' STATE=TRUE
WAIT FOR ( IN 50 '' )
OUT 142 '' STATE=FALSE
WAIT TIME=1 SEC
LOOP
if ($in[51] == FALSE) and (m1<7) then
;xianmian wei quliao chengxu duan
$base=BASE_DATA[3]
$tool=TOOL_DATA[2]
SPTP Photo_Pos
OUT 144 '' STATE=FALSE
Top_Pickup_Pos.x=act_input_off_x
Top_Pickup_Pos.y=act_input_off_y
Top_Pickup_Pos.z=250
Top_Pickup_Pos.a=ACT_INPUT_OFF_A+90
Top_Pickup_Pos.b=0.65
Top_Pickup_Pos.c=178.92
SPTP Top_Pickup_Pos
OUT 143 '' STATE=TRUE
OUT 122 '' STATE=TRUE
```

附图 12-2 主程序代码段 2

```
LIN_REL {Z -250} #BASE
OUT 143 '' STATE=FALSE
WAIT TIME=0.5 SEC
SPTP Top_Pickup_Pos
SPTP Photo_Pos
;xiamian wei qiqiaoban pintu chengxuduan
$base=BASE_DATA[5]
$tool=TOOL_DATA[2]
Drop_Photo_Pos=$NULLFRAME
Drop_Photo_Pos={X 254.31 ,Y 211.61,Z 496.12,A 90.00,B 0.65,C 178.92}
SPTP Drop_Photo_Pos
Top_Drop_Pos.x=act_input_off_x1
Top_Drop_Pos.y=act_input_off_y1
Top_Drop_Pos.z=250
Top_Drop_Pos.a=ACT_INPUT_OFF_A1+90
Top_Drop_Pos.b=0.65
Top_Drop_Pos.c=178.92
SPTP Top_Drop_Pos
LIN_REL {Z -245} #BASE
OUT 122 '' STATE=FALSE
WAIT TIME=0.5 SEC
SPTP Top_Drop_Pos
OUT 144 '' STATE=TRUE
SPTP Drop_Photo_Pos
m1 = m1+1
ELSE
PTP HOME  VEL= 100 % DEFAULT
  EXIT
ENDIF
ENDLOOP
Else
m1=0
Pro_Num = 2
OUT 146 '' STATE=TRUE
```

附图 12-3 主程序代码段 3

```
PTP HOME   VEL= 100 % DEFAULT
   EXIT
 ENDIF
 ENDLOOP
PULSE 137 '' STATE=TRUE TIME=3 SEC

 case 2
SPTP HOME   VEL= 100 % DEFAULT
OUT 121 '' STATE=FALSE
OUT 122 '' STATE=FALSE
OUT 141 '' STATE=FALSE
OUT 142 '' STATE=FALSE
OUT 143 '' STATE=FALSE
OUT 144 '' STATE=FALSE
OUT 145 '' STATE=FALSE
OUT 145 '' STATE=TRUE
WAIT TIME=1 SEC
OUT 145 '' STATE=FALSE
OUT 141 '' STATE=TRUE
WAIT FOR ( IN 49 '' )
OUT 141 '' STATE=FALSE

 LOOP
PULSE 145 '' STATE=TRUE   TIME=1 SEC
 if (n1<7) then
 $base=BASE_DATA[5]
 $tool=TOOL_DATA[2]
 Drop_Photo_Pos=$NULLFRAME
 Drop_Photo_Pos={X 318.56 ,Y 242.04,Z 499.50,A 91.51,B 0.69,C -177.50}
 SPTP Drop_Photo_Pos
WAIT TIME=1 SEC
OUT 142 '' STATE=TRUE
WAIT FOR ( IN 50 '' )
```

附图 12-4 主程序代码段 4

```
OUT 142 '' STATE=FALSE
WAIT TIME=1 SEC
 LOOP
 if ($in[51] == FALSE) and (n1<7) then
 ;xianmian wei quliao chengxu duan
 $base=BASE_DATA[5]
 $tool=TOOL_DATA[2]
 SPTP Drop_Photo_Pos
OUT 144 '' STATE=FALSE
 Top_Drop_Pos.x=act_input_off_x1
 Top_Drop_Pos.y=act_input_off_y1
 Top_Drop_Pos.z=250
 Top_Drop_Pos.a=ACT_INPUT_OFF_A1+90
 Top_Drop_Pos.b=0.65
 Top_Drop_Pos.c=178.92
 SPTP Top_Drop_Pos
OUT 143 '' STATE=TRUE
OUT 122 '' STATE=TRUE
 LIN_REL {Z -250} #BASE
OUT 143 '' STATE=FALSE
WAIT TIME=0.5 SEC
 SPTP Top_Drop_Pos
 SPTP Drop_Photo_Pos
```

附图 12-5 主程序代码段 5

```
;xiamian wei qiqiaoban pintu chengxuduan
$base=BASE_DATA[3]
$tool=TOOL_DATA[2]
Photo_Pos=$NULLFRAME
Photo_Pos={X 251.50 ,Y 198.83,Z 495.45,A 88.69,B -0.36,C 179.47}
SPTP Photo_Pos
Top_Pickup_Pos.x=act_input_off_x
Top_Pickup_Pos.y=act_input_off_y
Top_Pickup_Pos.z=250
Top_Pickup_Pos.a=ACT_INPUT_OFF_A+90
Top_Pickup_Pos.b=0.65
Top_Pickup_Pos.c=178.92
SPTP Top_Pickup_Pos
LIN_REL {Z -245} #BASE
OUT 122 '' STATE=FALSE
WAIT TIME=0.5 SEC
SPTP Top_Pickup_Pos
OUT 144 '' STATE=TRUE
SPTP Photo_Pos
n1 = n1+1
ELSE
PTP HOME   VEL= 100 % DEFAULT
    EXIT
ENDIF
ENDLOOP
Else
n1=0
Pro_Num = 1
OUT 146 '' STATE=FALSE
PTP HOME   VEL= 100 % DEFAULT
    EXIT
ENDIF
ENDLOOP
PULSE 137 '' STATE=TRUE TIME=3 SEC
```

附图 12 - 6 主程序代码段 6

```
ENDSWITCH
ENDLOOP
END
```

附图 12 - 7 主程序退出代码段

参 考 文 献

［1］柯行聪. 重视指示灯和按钮的颜色［J］. 电世界，1995，36（9）：44-45.

［2］刘志娟. 基于无线传感网的城市交通灯模糊控制系统设计［D］. 淮南：安徽理工大学，2014.

［3］蔡汉明，郝同晖，刘明召，等. 基于 PLC 控制的搬运设备的设计研究［J］. 自动化技术与应用，2018，37（12）：36-38.

［4］张航. 一种 PLC 实验综合平台的研发［J］. 科技创新与生产力，2017（12）：98-100.

［5］白蔚楠，曾泽宇，游建章，等. 基于可编程逻辑控制器的串户检测触控人机交互系统设计［J］. 电气技术，2020，21（1）：12-19.

［6］夏文明. PLC 在跑马灯控制系统中的应用［J］. 机电信息，2015（21）：164-165.

［7］郭和伟. 基于 PLC 的十字路口单向禁行交通信号灯控制系统研究［J］. 南方农机，2019，50（24）：126-127.

［8］蔡碧贞. 电梯控制系统中 PLC 技术的应用［J］. 通讯世界，2019，26（11）：283-284.

［9］吴俣倩. 老化房温度控制与热平衡［J］. 河北农机，2016（2）：51-53.

［10］曾云. 变频器中 PLC 自动控制技术的有效应用研究［J］. 科技风，2020（6）：27-28.

［11］宋立. 基于 PLC 的步进电机闭环控制系统［J］. 中国高新科技，2019（24）：86-88.

［12］戴俊. 基于 PLC 控制的物料自动检测与分拣系统设计［D］. 大连：大连理工大学，2015.